中国古建筑之美

伊斯兰教建筑

穆斯林礼拜清真寺

◎ 本社 编

中国建筑工业出版社

中国古建筑之美

· 伊斯兰教建筑 ·

穆斯林礼拜清真寺

编委会

凡例

一、全书共分十册，收录中国传统建筑中宫殿建筑、帝王陵寝建筑、皇家苑囿建筑、文人园林建筑、民间住宅建筑、佛教建筑、道教建筑、伊斯兰教建筑、礼制建筑、城池防御建筑等类别。

二、各册内容大致分四大部分：论文、彩色图版、建筑词汇、年表。

三、论文内容阐述各类建筑之产生背景、发展沿革、建筑特色，附有图片辅助说明。

四、彩色图版大体按建筑分布区域或建成年代为序进行编排。全书收录精美彩色图片（包括论文插图）约一千七百幅。全部图片均有图版说明，概要说明该建筑所在地点、建筑年代及艺术技术特色。

五、论文部分收有建筑结构图、平面图、复原图、沿革图、建筑类型比较图表等。另外还附有建筑分布图及导览地图，标注著名建筑分布地点及周边之名胜古迹。

六、词汇部分按笔画编列与本类建筑有关之建筑词汇，供非专业读者参阅。

七、每册均列有中国建筑大事年表，并以颜色标示各册所属之大事纪要。全书纪年采用中国古代传统纪年法，并附有公元纪年以供对照。

序一

《中国古建筑大系》重印序

中国的古代建筑源远流长，从余姚的河姆渡遗址到西安的半坡村遗址，可以考证的实物已可上溯至7000年前。当然，战国以前，建筑经历了从简单到复杂的漫长岁月，秦汉以降，随着生产的发展，国家的统一，经济实力的提升，建筑的技术和规模与时俱进，建筑艺术水平也显著提高。及至盛唐、明清的千余年间，建筑发展高峰迭起，建筑类型异彩纷呈，从规划设计到施工制作，从构造做法到用料色调，都达到了登峰造极的地步。中国建筑在世界建筑之林，独放异彩，独树一帜。

建筑是凝固的历史。在中华文明的长河中，除了文字典籍和出土文物，最能震撼民族心灵的是建筑。今天的炎黄子孙伫立景山之巅，眺望金光灿烂雄伟壮丽的紫禁城，谁不产生民族自豪之情！晚霞初起，凝视护城河边的故宫角楼，谁不感叹先人的巧夺天工。

珍爱建筑就是珍爱历史，珍爱文化。中国建筑工业出版社从成立之日起，即把整理出版中国传统建筑、弘扬中华文明作为自己重要的职责之一。20世纪50、60年代出版了梁思成、刘敦桢、童寯、刘致平等先生的众多专著。改革开放之初，本着抢救古代建筑的初衷，在杨俊社长主持下，制订了中国古建筑学术专著的出版规划。虽然财力有限，仍拨专款20万元，组织建筑院校师生实地测绘，邀请专家撰文，从而陆续推出或编就了《中国古建筑》、《承德古建筑》、《中国园林艺术》、《曲阜孔庙建筑》、《普陀山古建筑》以及《颐和园》等大型学术画册和5卷本的《中国古代建筑史》。前三部著作1984年首先在香港推出，引起轰动；《中国园林艺术》还出版了英、法、德文版，其中单是德文版一次印刷即达40000册，影响之大，可以想见。这些著作既有专文论述，又配有大量测绘线图和彩色图片，对于弘扬、保存和维护国之瑰宝具有极为重要的学术价值和实际应用价值。诚然，这些图书学术性较强，主要为专业人士所用。

1989年3月，在深圳举行的第一届对外合作出版洽谈会上，我看到台湾翻译出版的一套《世界建筑全集》。洋洋10卷主要介绍西方古代建筑。作为世界文明古国的中国却只有万里长城、北京故宫等三五幅图片，是中国没有融入世界，还是作者不了解中国？作为炎黄子孙，别是一番滋味涌上心头。此时此刻，我不由得萌生了出版一套中国古代建筑全集的设想。但如此巨大的工程，必有充足财力支撑，并须保证相当的发行数量方可降低投资风险。既是合作出版洽谈会，何不找台湾同业携手完成呢？这一创意立即得到《世界建筑全集》中文版的出版者——台湾光复书局的响应。几经商榷，合作方案敲定：我方组织专家编撰、摄影，台方提供10万美元和照相设备，1992年推出台湾版。1989年11月合作出版的签约典礼在北京举行。为了在保证质量的同时，按期完成任务，我们决定以本社作者为主完成本书。一是便于指挥调度，二是锻炼队伍，三能留住知识产权。因此将社内建筑、园林、历史方面的专家和专职摄影人员组成专题组，由分管建筑专业的王伯扬副总编辑具体主持。社外专家各有本职工作，难免进度不一，因此只邀请了孙大章、邱玉兰、茹竞华三位研究员，分别承担礼制建筑、伊斯兰教建筑和北京故宫的撰稿任务。翌年初，编写工作全面展开，作者们夜以继日，全力以赴；摄影人员跋山涉水，跑遍全国，大江南北，长城内外，都留下了他们的足迹和汗水。为了反映建筑的恢弘气派和壮观全景，台湾友人又聘请日本摄影师携专用器材补拍部分照片补入书中。在两岸同仁的共同努力下，三年过去，10卷8开本的《中国古建筑大系》大功告成。台湾版以《中国古建筑之美》的名称于1992年按期推出，印行近20000套，一时间洛阳纸贵，全岛轰动。此书的出版对于弘扬中华民族的建筑文化，激发台湾同胞对祖国灿烂文化的自豪情感，无疑产生了深远的影响。正如光复书局林春辉董事长在台湾版序中所言："两岸执事人员真诚热情，戮力以赴的编制精神，充分展现了对我民族文化的长情大爱，此最是珍贵而足资敬佩。"

为了尽快推出大陆版，1993年我社从台方购回800套书页，加印封面，以《中国古建筑大系》名称先飨读者。终因印数太少，不多时间即销售一空。此书所以获得两岸读者赞扬和喜爱，我认为主要原因：一是书中色彩绚丽的图片将中国古代建筑的精华形象地呈现给读者，让你震撼，让你流连，让你沉思，让你获得美好的享受；二是大量的平面图、剖面图、透视图展示出中国建筑在设计、构造、制作上的精巧，让你感受到民族的智慧；三是通俗流畅的文字深入浅出地解读了中国建筑深邃的文化内涵，诠释出中国建筑从美学到科学的含蓄内蕴和哲理，让你获得知识，得到启迪。此书不仅获得两岸读者的认同，而且得到了专家学者的肯定，1995年荣获出版界的最高奖赏——国家图书奖荣誉奖。

为了满足读者的需求，中国建筑工业出版社决定重印此书，并计划推出简装本。对优秀的出版资源进行多层次、多方位的开发，使我们深厚丰富的古代建筑遗产在建设社会主义先进文化的伟大事业中发挥它应有的作用，是我们出版人的历史责任。我作为本书诞生的见证人，深感鼓舞。

诚然，本书成稿于十余年前，随着我国古建筑研究和考古发掘的不断进展，书中某些内容有可能应作新的诠释。对于本书的缺憾和不足，诚望建筑界、出版界的专家赐教指正。让我们共同努力，关注中国建筑遗产的整理和出版，使这些珍贵的华夏瑰宝在历史的长河中，像朵朵彩霞永放异彩，永放光芒。

中国出版工作者协会副主席
科技出版委员会主任委员
中国建筑工业出版社原社长　周谊

2003年4月

序二

《中国古建筑大系》初版序

人们常用奔腾不息的黄河，象征中华民族悠长深远的历史；用连绵万里的长城，喻示炎黄子孙坚忍不拔的精神。五千年的文明与文化的沉淀，孕育了我伟大民族之灵魂。除却那浩如烟海的史籍文章，更有许许多多中国人所特有的哲理风骚，深深地凝刻在砖石木瓦之中。

中国古代建筑，以其特有的丰姿于世界建筑体系中独树一帜。在这块华夏子民的土地上，散布着历史年岁留下的各种类型建筑，从城池乡镇的总体规划、建筑群组的设计布局、单栋房屋的结构形式，一直到细部处理、家具陈设，以及营造思想，无不展现深厚的民族色彩与风格。而对金碧辉煌的殿宇、幽雅宁静的园林、千姿百态的民宅和玲珑纤巧的亭榭……人们无不叹为观止。正是透过这些出自历朝历代哲匠之手的建筑物，勾画出东方人的神韵。

中国古建筑之美，美在含蓄的内蕴，美在鲜明的色彩，美在博大的气势，美在巧妙的因借，美在灵活的组合，美在予人亲切的感受。把这些美好的素质发掘出来，加以研究和阐扬，实为功在千秋的好事情。

我与中国建筑工业出版社有着多年交往，深知其在海内影响之权威。光复书局亦为台湾业绩卓著、实力雄厚的出版机构。数十年来，她们各自从不同角度为民族文化的积累，进行着不懈的努力。尤其近年，大陆和台湾都出版了不少旨在研究、介绍中国古代建筑的大型学术专著和图书，但一直未见两岸共同策划编纂的此类成套著作问世。此次中国建筑工业出版社与光复书局携手联珠，各施所长，成功地编就这样一整套豪华的图书，无论从内容，还是从形式，均可视为一件存之永久的艺术珍品。

中国的历史，像一条支流横溢的长河，又如一棵挺拔繁盛的大树，中国古代建筑就是河床、枝叶上蕴含着的累累果实与宝藏。举凡倾心于研究中国历史的人，抑或热爱中华文化的人，都可以拿它当作一把钥匙，尝试着去打开中国历史的大门。这套图书，可以成为引发这一兴趣的契机。顺着这套图书指引的线索，根其源、溯其流、张其实，相信一定会有绝好的收获。

刘致平

1992年8月1日

序三

《中国古建筑大系》英文版序

当历史的脚步行将跨入新世纪大门的时候，中国已越来越成为世人瞩目的焦点。东方文明古国，正重新放射出她历史上曾经放射过的光辉异彩。辽阔的神州大地，睿智的华夏子民，当代中国的经济腾飞，古代中国的文化珍宝，都成了世人热衷研究的课题。

在中国博大精深的古代文化宝库中，古代建筑是极具代表性的一个重要组成部分。中国古代建筑以其特有的丰姿，在世界建筑史中独树一帜，无论是严谨的城市规划和活泼的村镇聚落，以院落串联的建筑群体布局，完整规范的木构架体系，奇妙多样的色彩和单体造型，还是装饰部件与结构功能构件的高度统一，融家具、陈设、绘画、雕刻、书法诸艺于一体的建筑综合艺术，等等，无不显示出中华民族传统文化的独特风韵。透过金碧辉煌的殿宇，曲折幽静的园林，多姿多样的民居，玲珑纤细的亭榭，那尊礼崇德的儒学教化，借物寄情的时空意识，兼收并蓄的审美思维，更折射出华夏子孙的不凡品格。

中国建筑工业出版社系中国建设部直属的国家级建筑专业出版社。建社四十余年来，素以推进中国建筑技术发展，弘扬中国优秀文化传统、开展中外建筑文化交流为已任。今以其权威之影响，组织国内知名专家，不惮繁杂，潜心调研、摄影、编纂，出版了《中国古建筑大系》，为发掘和阐扬中国古建筑之精华，做了一件功在千秋的好事。

这套巨著，不但内容精当、图片精致、而且印装精美，足臻每位中国古建筑之研究者与爱好者所珍藏。本书中文版，不但博得了中国学者的赞赏，而且荣获了中国国家图书奖荣誉奖；获此殊荣的建筑图书，在中国还是第一部。现本书英文版又将在欧美等地发行，它将为各国有识之士全面认识和研究中国古建筑打开大门。我深信，无论是中国人还是西方人，都会为本书英文版的出版感到高兴。

原建设部副部长　叶如棠

1999年10月

伊斯兰教建筑分布图

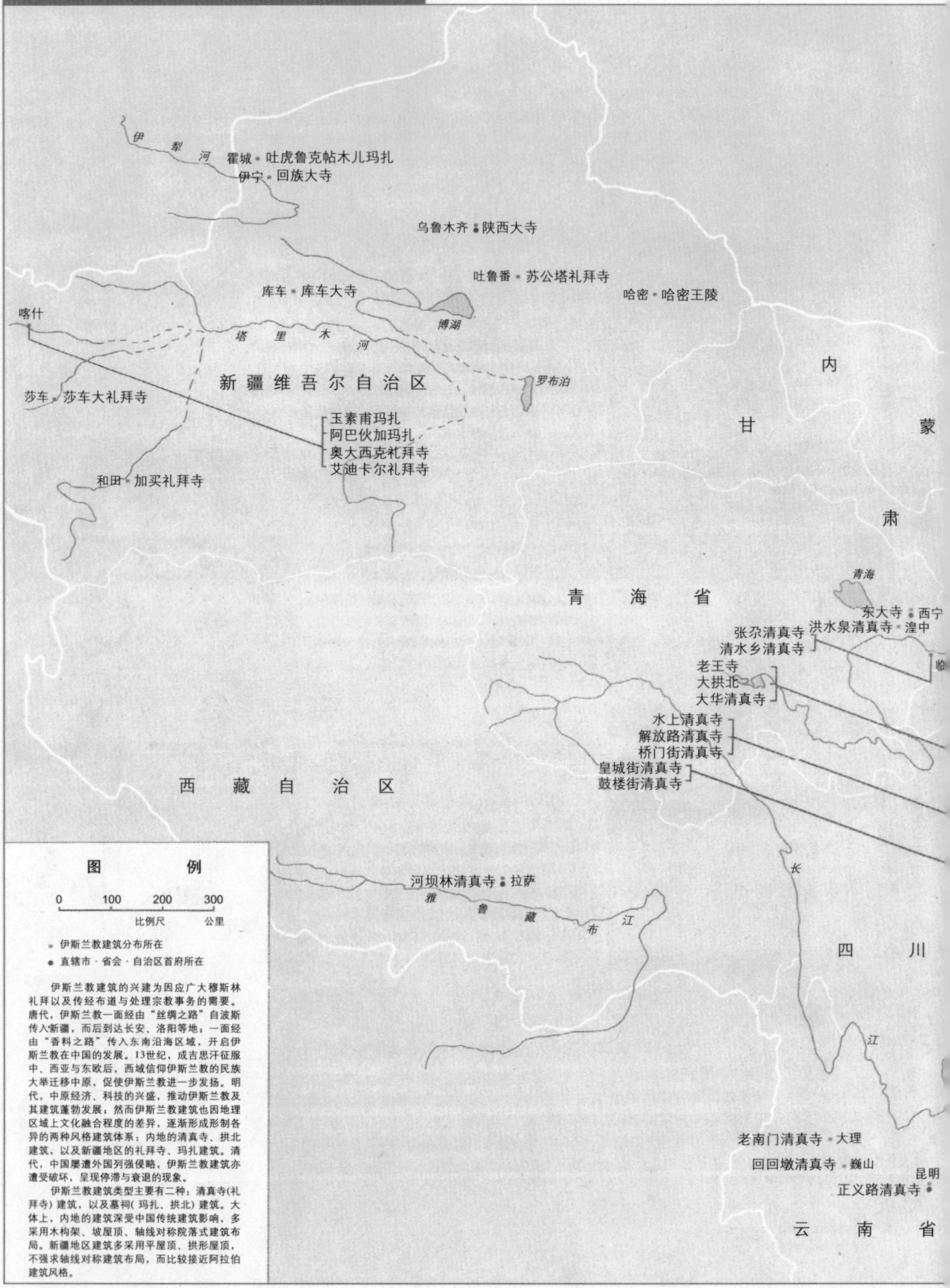

伊斯兰教建筑的兴建为因应广大穆斯林礼拜以及传经布道与处理宗教事务的需要。唐代，伊斯兰教一面经由“丝绸之路”自波斯传入新疆，而后到达长安、洛阳等地；一面经由“香料之路”传入东南沿海区域，开启伊斯兰教在中国的发展。13世纪，成吉思汗征服中、西亚与东欧后，西域信仰伊斯兰教的民族大举迁移中原，促使伊斯兰教进一步发扬。明代，中原经济、科技的兴盛，推动伊斯兰教及其建筑蓬勃发展；然而伊斯兰教建筑也因地理区域上文化融合程度的差异，逐渐形成形制各异的两种风格建筑体系：内地的清真寺、拱北建筑，以及新疆地区的礼拜寺、玛扎建筑。清代，中国屡遭外国列强侵略，伊斯兰教建筑亦遭受破坏，呈现停滞与衰退的现象。

伊斯兰教建筑类型主要有二种：清真寺(礼拜寺) 建筑，以及墓祠(玛扎、拱北) 建筑。大体上，内地的建筑深受中国传统建筑影响，多采用木构架、坡屋顶、轴线对称院落式建筑布局。新疆地区建筑多采用平屋顶、拱形屋顶，不强求轴线对称建筑布局，而比较接近阿拉伯建筑风格。

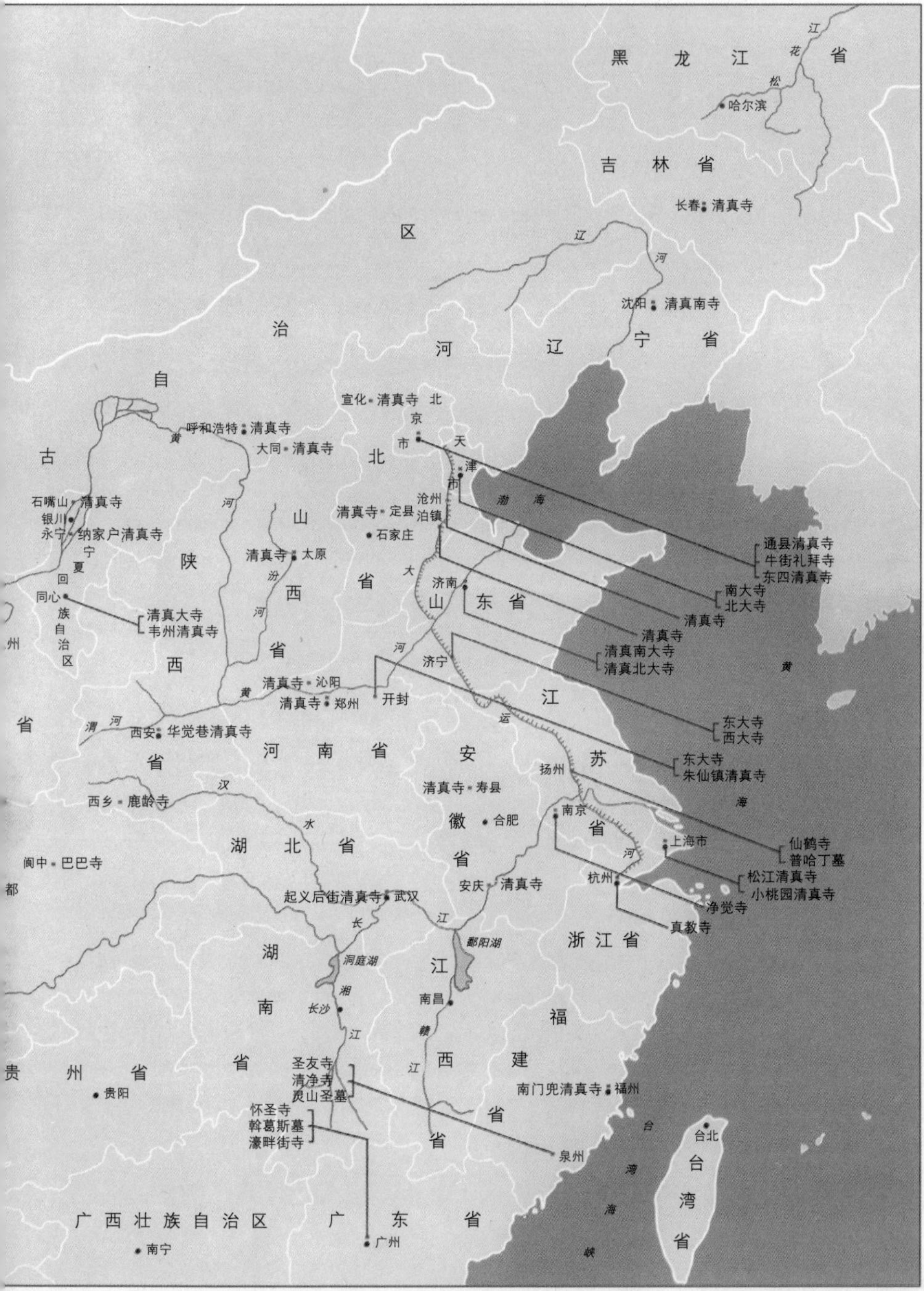

黑龙江省
松花江
哈尔滨
吉林省
长春 清真寺
辽河
沈阳 清真南寺
辽宁省
河北省
区
治
自
古
宣化 清真寺
北京市
天津市
呼和浩特 清真寺
大同 清真寺
黄河
渤海
石嘴山 清真寺
银川
永宁 纳家户清真寺
宁夏回族自治区
山西省
清真寺 太原
汾河
清真寺 定县
沧州
泊镇
石家庄
陕西省
同心
清真大寺
韦州清真寺
大
济南
山东省
济宁
通县清真寺
牛街礼拜寺
东四清真寺
南大寺
北大寺
清真寺
清真寺
清真南大寺
清真北大寺
清真寺 沁阳
清真寺 郑州
开封
江苏省
运河
东大寺
西大寺
东大寺
朱仙镇清真寺
清河
西安 华觉巷清真寺
河南省
安徽省
清真寺 寿县
扬州
南京
合肥
汉水
西乡 鹿龄寺
湖北省
阆中 巴巴寺
上海市
仙鹤寺
普哈丁墓
松江清真寺
小桃园清真寺
净觉寺
真教寺
杭州
安庆 清真寺
起义后街清真寺 武汉
长江
鄱阳湖
洞庭湖
湘江
长沙
南昌
赣江
湖南省
江西省
浙江省
福建省
海
黄
贵州省
贵阳
圣友寺
清净寺
灵山圣墓
怀圣寺
斡葛斯墓
濠畔街寺
南门兜清真寺 福州
泉州
台北
台湾省
台湾海峡
广西壮族自治区
南宁
广东省
广州
省
省
州
都

天山南北路周边导览图

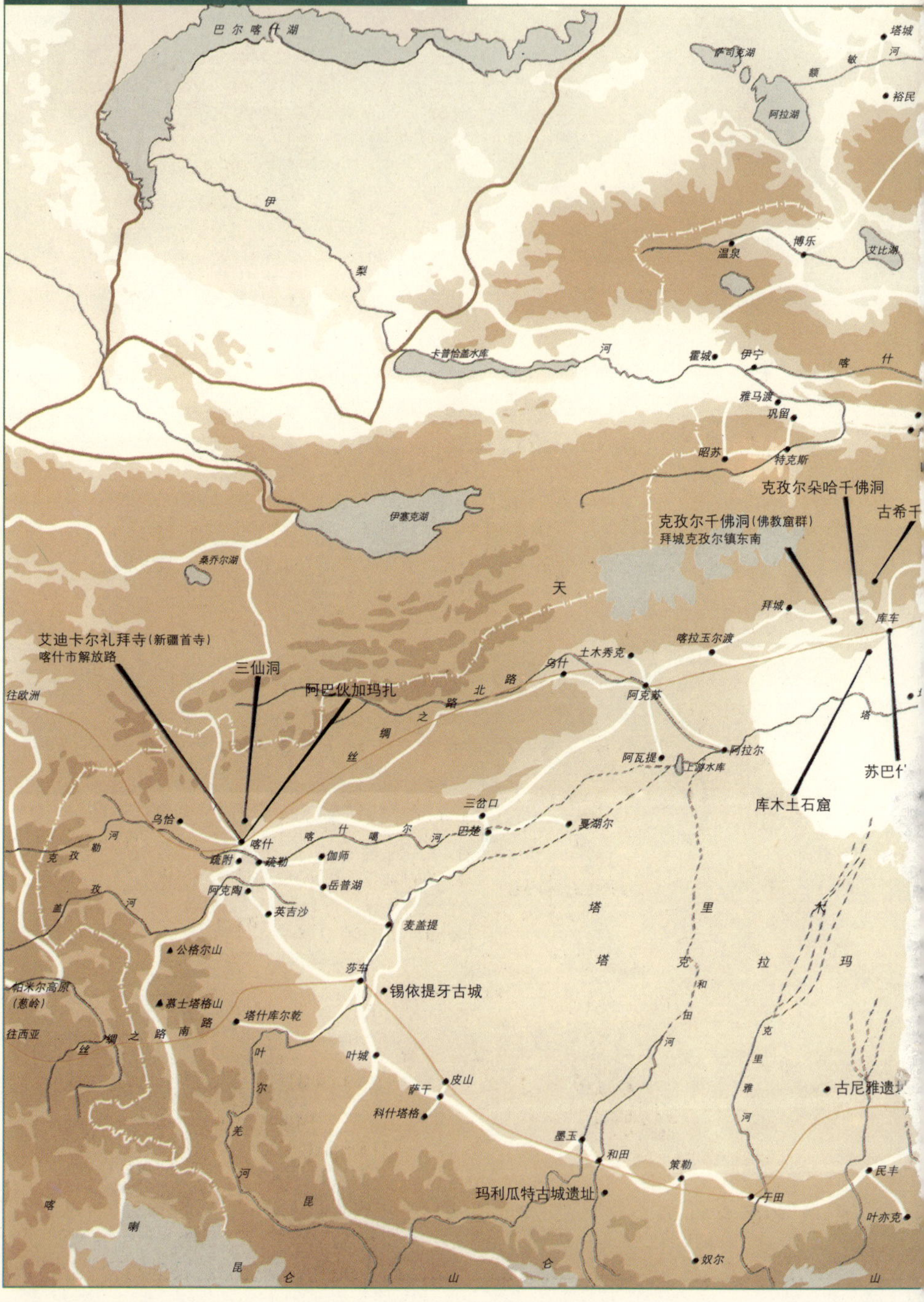

巴尔喀什湖
萨司克湖
塔城
额敏河
裕民
阿拉湖
伊犁
温泉
博乐
艾比湖
卡普恰盖水库
河
霍城
伊宁
喀什
雅马渡
巩留
昭苏
特克斯
克孜尔朵哈千佛洞
伊塞克湖
克孜尔千佛洞(佛教窟群)
拜城克孜尔镇东南
古希千
桑乔尔湖
天
拜城
库车
艾迪卡尔礼拜寺(新疆首寺)
喀什市解放路
三仙洞
阿巴伙加玛扎
喀拉玉尔滚
土木秀克
乌什
北
路
阿克苏
往欧洲
之
绸
丝
阿瓦提
阿拉尔
上游水库
苏巴什
库木土石窟
三岔口
乌恰
巴楚
曼湖尔
喀什
喀什噶尔河
克孜勒河
疏附
疏勒
伽师
岳普湖
阿克陶
盖孜河
英吉沙
麦盖提
塔
里
木
公格尔山
塔
克
拉
玛
莎车
锡依提牙古城
帕米尔高原
(葱岭)
慕士塔格山
塔什库尔乾
和
田
河
克
里
雅
河
往西亚
丝绸之路南路
叶城
叶尔羌河
皮山
萨干
科什塔格
古尼雅遗址
墨玉
和田
策勒
民丰
玛利瓜特古城遗址
于田
叶亦克
喀喇昆仑
昆仑山
奴尔

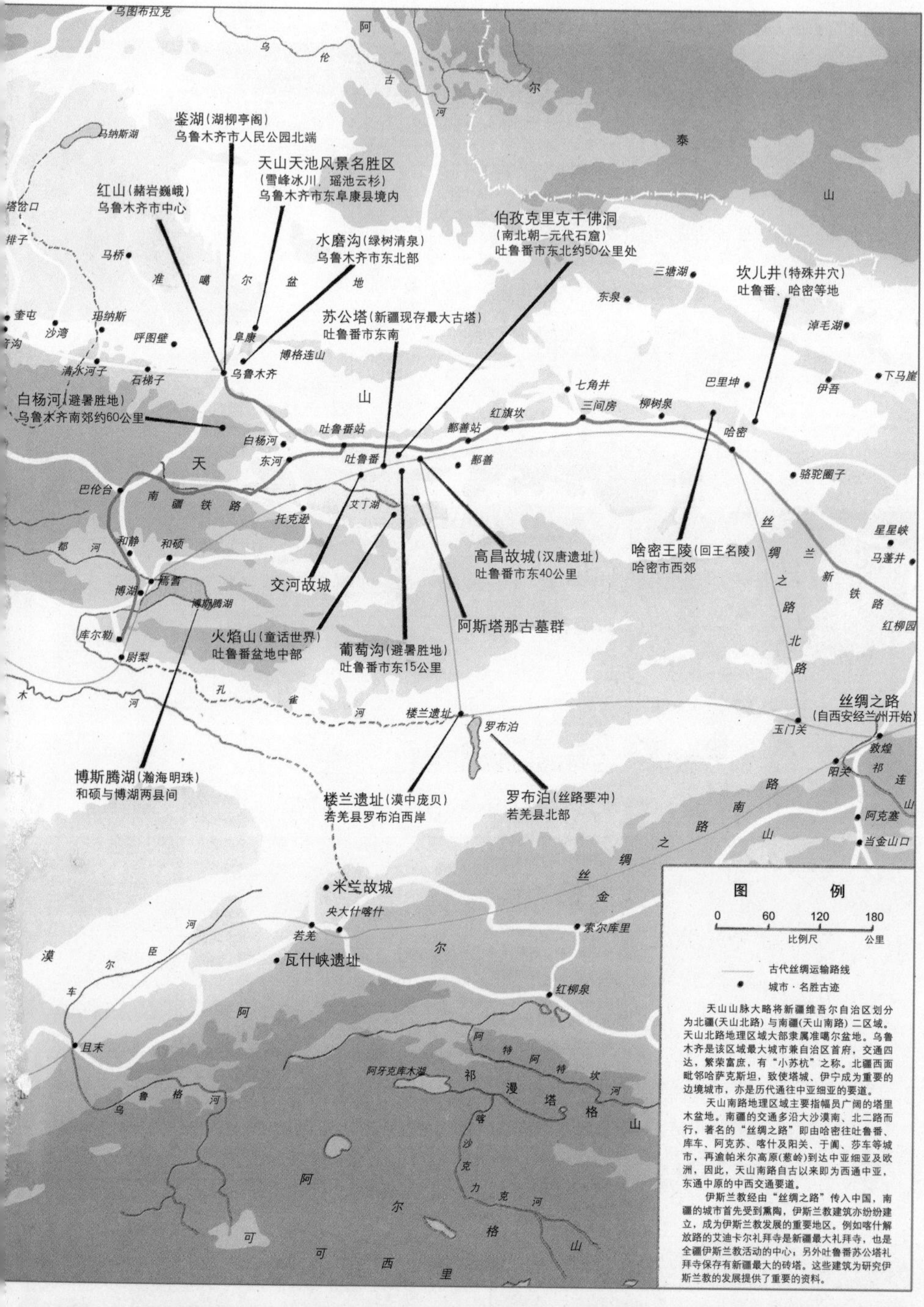

天山山脉大略将新疆维吾尔自治区划分为北疆(天山北路)与南疆(天山南路)二区域。天山北路地理区域大部隶属准噶尔盆地。乌鲁木齐是该区域最大城市兼自治区首府，交通四达，繁荣富庶，有“小苏杭”之称。北疆西面毗邻哈萨克斯坦，致使塔城、伊宁成为重要的边境城市，亦是历代通往中亚细亚的要道。

天山南路地理区域主要指幅员广阔的塔里木盆地。南疆的交通多沿大沙漠南、北二路而行，著名的“丝绸之路”即由哈密往吐鲁番、库车、阿克苏、喀什及阳关、于阗、莎车等城市，再逾帕米尔高原(葱岭)到达中亚细亚及欧洲，因此，天山南路自古以来即为西通中亚，东通中原的中西交通要道。

伊斯兰教经由“丝绸之路”传入中国，南疆的城市首先受到熏陶，伊斯兰教建筑亦纷纷建立，成为伊斯兰教发展的重要地区。例如喀什解放路的艾迪卡尔礼拜寺是新疆最大礼拜寺，也是全疆伊斯兰教活动的中心；另外吐鲁番苏公塔礼拜寺保存有新疆最大的砖塔。这些建筑为研究伊斯兰教的发展提供了重要的资料。

Contents / 目 录

伊斯兰教建筑 · 穆斯林礼拜清真寺

Contents / 图版目录

华北

Contents / 图版目录

论文

伊斯兰教建筑的历史沿革

——从阿拉伯经丝绸与香料之路传入中国的前后历程

伊斯兰教建筑乃因应创教者穆罕默德为传经布道、处理宗教事务而兴起。初始的建筑物朴实无华，随着时代的演进及广大穆斯林的礼拜需求，规模愈来愈大，内容也愈来愈复杂，丰富了世界建筑文化的宝库。而伊斯兰教建筑的传入中国，不仅为其建筑史打开新页，随着中国历史的发展，更展现其融汇中阿建筑独特的艺术风貌。

初创与东传

伊斯兰教于公元610年起源于阿拉伯半岛，相传为穆罕默德(公元570～632年)在41岁时，从麦加城北希拉山的一个山洞里得到真主安拉的启示，创立的一种宗教。自公元622年穆罕默德迁至麦地那传教起，定为伊斯兰教历(又称回历)元年。1300多年来，伊斯兰教在全世界迅速地传播和发展，与佛教、基督教并称世界三大宗教，不仅创造了光辉灿烂的伊斯兰文化，在世界文明史中更占有极其重要的地位。

伊斯兰一词是由阿拉伯语Islam音译而来，原指“顺从”、“信服”，即“顺从真主而获得安宁”的意思。从字源上查考，伊斯兰一词来自“赛拉目”或“色兰”(Salam)，乃和平之意，因此伊斯兰教又称为和平的宗教。伊斯兰教主张凡穆斯林即是信奉真主安拉、顺从先知的人，

不分氏族、肤色，皆为兄弟，用宗教信仰代替血缘关系。

伊斯兰教是严格的一神教，最基本的信念是“除安拉之外别无主宰，穆罕默德是真主的使者”。真主安拉是宇宙万物惟一的创造者，全能全知，无始无终，独一无二，永生自存，集于一点而言就是“信主独一”。坚决反对多神论，不崇拜偶像，最主要的信条就是“五信”和“五功”，并将《古兰经》与《圣训》作为伊斯兰教的基本法典。“五信”即信安拉、信天使、信先知、信天经、信后世，“五功”则指念、拜、斋、课、朝五个方面的义务。自穆罕默德创立伊斯兰教后，首先在阿拉伯半岛进行传播，并逐步取得在阿拉伯半岛传教的胜利，建立起政教合一的伊斯兰国家。历经四大哈里发、乌麦耶王朝、阿巴斯王朝和奥斯曼帝国时期，伊斯兰教得到广泛的传播和发展。东起印度河流域，西至大西洋沿岸，地跨欧、亚、非三大洲，成为世界性的宗教，确立了伊斯兰教在全世界的地位。随着伊斯兰教的传播和发展，伊斯兰教建筑也得到空前的发展。信仰伊斯兰教的各国统治者和广大穆斯林修筑了大量的清真寺，还有宫殿、陵墓、学校等建筑，形成独具一格的伊斯兰建筑艺术，成为世界建筑文化宝库中不可分割的一部分。

按照伊斯兰教教义所规定的“五功”之一就是礼拜，每天要在晨、晌、晡、昏、宵五个时间进行礼拜，每周的星期

北京牛街礼拜寺礼拜大殿内景

中国伊斯兰教建筑包括清真寺、墓祠、教经堂及道堂等类型，其中以清真寺最重要，数量也最多。清真寺又称礼拜寺，是广大穆斯林进行礼拜、举行各种宗教仪式和社会活动的场所，也是教民排解纠纷的“法庭”。古都北京的牛街礼拜寺具有悠久历史，以礼拜大殿为全寺核心。大殿呈五开间纵长形，层层门罩巧妙地将阿拉伯风格的尖拱门与中国传统的落地罩融为一体，满绘红地沥粉贴金的花卉与阿拉伯文字图案，不仅绚丽夺目，同时也呈现出中国伊斯兰教建筑特有的氛围。

临夏老王寺礼拜殿

伊斯兰教传入中国后，以回族信仰人数最多，且多聚集在宁夏、甘肃、青海诸省区内。甘肃临夏南间八坊为典型的回民坊镇，老王寺乃其中著名大寺之一，礼拜殿为歇山式卷棚顶，举折平缓，出檐深远，前檐柱间置雕饰精丽的雀替，双重阑额间加多彩的花形装饰。

五为聚礼日(主麻日)，每年还有两次会礼——开斋节和古尔邦节。举行聚礼、会礼以及圣纪时，广大教民都必须在寺内进行集体的宗教仪式。而每日的五时礼拜既可在寺内进行，也可在家中或其他地方，随时随地就礼。不论在何处，时间一到就必须礼拜。

伊斯兰教建筑中最重要的是清真寺建筑，其基本形制和布局原则是随着伊斯兰教的不断传播发展而逐步确定的。传说中最古老的清真寺是麦加城的“天房”，位于麦加城的中心，原名克尔白(Ka'bah，或译作“卡巴”)，为一立方体的石砌房屋，是阿拉伯古代遗留下来的一处宗教信仰圣地。将克尔白定为伊斯兰教圣地，是穆罕默德在公元624年确立的，并将克尔白作为各地清真寺朝拜的方向。第一座清真寺是公元622年穆罕默德迁移至麦地那后，为传经布道、处理宗教事务修建的，这就是著名的先知寺。初建时十分简朴，仅以能够满足教民进行聚礼、会礼的要求为基本原则。随着伊斯兰帝国的不断扩张及经济、文化的日益繁荣，不仅将原有的清真寺予以扩建翻新，而且以更高的标准修筑许多规模宏大的寺院，构成的内容则越来越复杂。在1300多年的漫长岁月里，信仰伊斯兰教的各国人民创造出辉煌的伊斯兰文化，伊斯兰教建筑则仿佛一束光艳绚丽的奇葩，大大地丰富了世界建筑文化宝库。留存各地的许多著名的清真寺建筑成为广大穆斯林

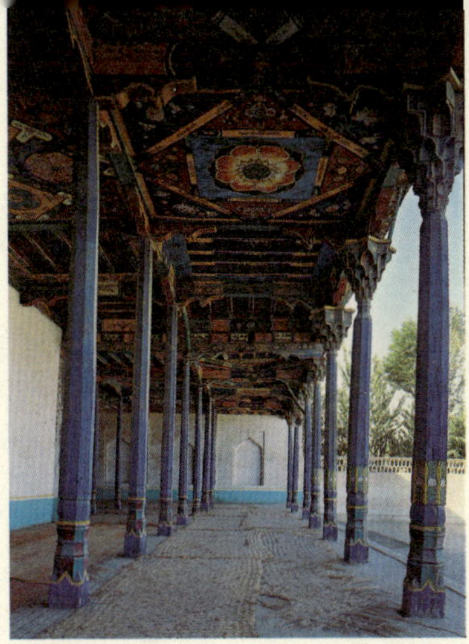

莎车大礼拜寺礼拜大殿外檐

新疆莎车大礼拜寺的礼拜大殿为平顶建筑，中部五间柱廊高起，迎面为一排檐柱，蓝色修长的柱身衬以红、蓝、绿相间的柱裙，上为花朵般的柱头及鲜艳的彩饰，几何纹与植物花卉相间，形成南疆伊斯兰教建筑特有的艺术风貌。

礼拜的场所，朝觐的圣地，最著名的是伊斯兰教三大圣地的三处清真寺：麦加的禁寺、麦地那的先知寺和耶路撒冷的远寺。

伊斯兰教创立不久，也开始传入中国，确切时间在史学界、宗教界尚有争议，大多数学者认为以唐永徽二年(公元651年)第三任哈里发欧斯曼第一次遣使到长安进见唐高宗，介绍大食国的情况和伊斯兰教教义，作为伊斯兰教传入中国的开始。伊斯兰教自唐代初年传入中国后，在艰难曲折的道路上不断发展壮大，先后在回族、维吾尔族、哈萨克族、东乡族、柯尔克孜族、撒拉族、塔吉克族、乌兹别克族、塔塔尔族、保安族等十个民族约1400万人中传播发展，成为这些民族的宗教信仰；伊斯兰教对这些民族的形成也有着不可估量的作用，并对其政治、经济、思想、文化产生极为深远的影响。在这十个信仰伊斯兰教的民族中，以回族人数最多，约有700万人，而其经济、文化也较发达，全国各省市均有分布，其余九个民族多聚集在新疆、甘肃、青海诸省区内。依据伊斯兰教教义，所有穆斯林都必须信奉真主安拉，都要做礼拜及宗教活动，因此，随着伊斯兰教在中国的传播发展，也必然产生伊斯兰教建筑这一新的建筑类型。而中国伊斯兰教建筑依照宗教教义所确立的功能、原则，并与传统的建筑技术逐步结合，遂形成中国伊斯兰教建筑独特的艺术风貌。

移植时期

自唐永徽二年(公元651年)至宋代末年约600年的时间，是伊斯兰教建筑的移植时期。

唐代是我国古代历史中极为辉煌的时代，而当时西亚的阿拉伯伊斯兰帝国(我国史书称为大食)也正处于兴盛时期。中国和大食是当时世界上最强大、文化最发达的两个国家，双方的边境在中亚一带连接起来，两国的经济文化交流也进入一个崭新的阶段。早在穆罕默德创教时期，就曾对其门徒说："学问，虽远在中国，亦当求之。"表达了对中国传统文化的景仰和友好感情。从唐永徽二年至贞元十四年(公元798年)的148年时间里，见于史书记载的大食国遣使到中国就达37次之多，波斯国遣使也在20次以上，可见当时往来之繁盛。中、阿之间的交往，主要表现在经济方面，在唐代有大批阿拉伯、波斯商人来华经商。他们来华的路线主要有两条：一条是由陆路，自波斯经由我国新疆到达长安、洛阳等地的"丝绸之路"；另一条是海路，即从波斯湾绕马来半岛至中国东南沿海的商业城市，如广州、泉州、扬州等地，

泉州圣友寺奉天坛内景

圣友寺奉天坛即礼拜大殿，平面呈凸字形，墙壁全为石砌，西墙有六个尖拱券状壁龛和四个洞口，龛壁皆嵌有阿拉伯文《古兰经》经句，后窑殿向西凸出，居中的圣龛是朝拜方向的标志。

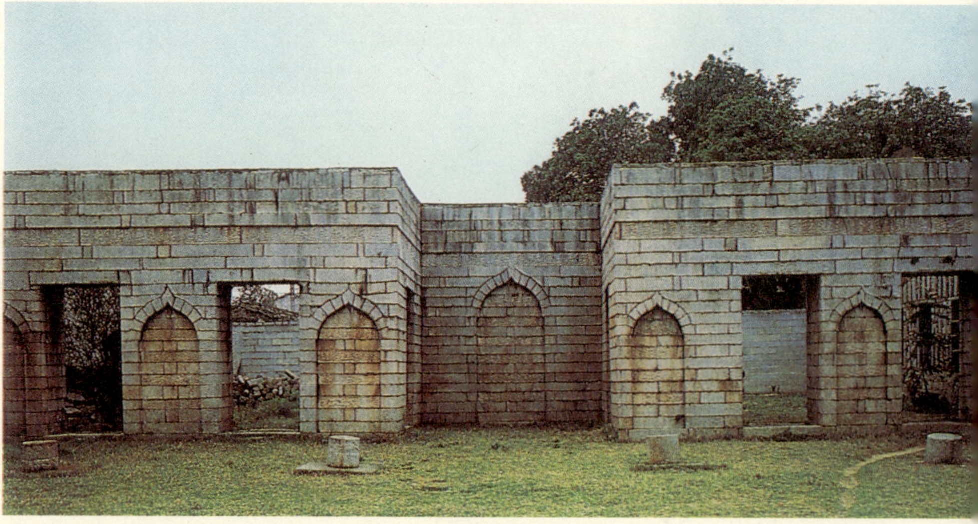

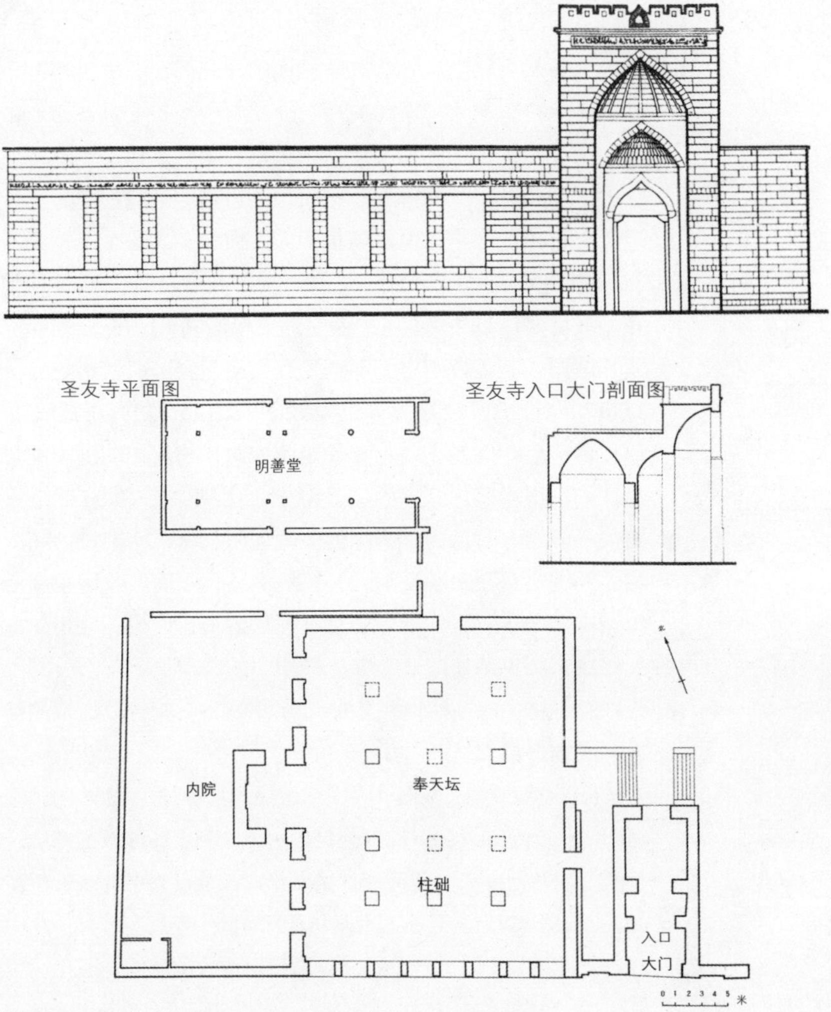

福建泉州圣友寺平面 · 立面图

圣友寺位于福建省泉州市涂门街北边。寺始建于北宋大中祥符二年至三年(公元1009～1010年)，元至大三年(公元1310年)重修，之后经多次修葺，是现存最古老的具有阿拉伯伊斯兰建筑风格的石结构清真寺。

全寺占地约1公顷，现存主要建筑有大门和奉天坛、明善堂遗址。大门朝南，高12.30米，平面为狭而深的长方形，分外、中、内三部分，各部分的券门高度和宽度渐进渐小。第一券和第二券间以辉绿岩雕砌成放射形图案，第二券和第三券间用花岗石刻成如蜂巢状图案，皆做成半圆穹窿顶形式。门口作尖拱形，门内为斗八藻井式的半圆穹窿拱顶，外门顶上为一平台，四周环以砖砌雉堞。奉天坛在寺门西侧，平面广五间，深四间，四周墙壁用花岗石砌筑，内有12根柱子，现仅存柱础的残迹。南墙上开8个方形窗洞作为采光口。门顶和壁龛内刻有古体阿拉伯文古兰经，为我国现存最早的伊斯兰教建筑遗迹之一，亦是研究伊斯兰建筑艺术的珍贵实物。圣友寺是中国和阿拉伯各国友好往来和文化交流的历史见证，也是泉州海外交往的重要史迹。

称为“香料之路”。在唐长安城内的“胡商”、“番客”多达四千余户，胡人“藁街充斥”，胡客“留长安者或四十余年”《(旧唐书》)，长安、洛阳有专门销售香料、珍珠、象牙的“胡店”、“胡邸”。东南沿海城市中各国的商人、传教士更是接踵而至，尤以阿拉伯人、波斯商人居多，也最富有。唐朝末年居广州的阿拉伯、波斯人以及犹太教、基督教、教徒多达12万人(《中西交通史料汇编》)，充分表明广州外国商人、传教士之多。扬州在当时是全国最繁华的商业城市，阿拉伯、波斯商人也有数千人，更有胡商居此20年以上者(《太平广记》)。五代至两宋时，与阿拉伯国家的贸易往来也很兴盛，北方的辽、金与大食、波斯等国亦保持友好关系。这一时期由于我国西北地区常有战乱，阿拉伯商人沿“丝绸之路”来华受阻，乃多经海路，从而使我国东南沿海城市进一步发展，对外贸易则加倍增长，广州、泉州、杭州、扬州等更是外国商人聚居较集中的城市。

综观这一时期伊斯兰教的传播发展和伊斯兰教建筑的情况，有如下特点：

(1) 伊斯兰教开始传入中国，随着中、阿之间的政治、经济和文化交流的发展，大批阿拉伯、波斯商人和传教士来华，伊斯兰教乃得以在中国传播。虽然当时部分汉人中有改信伊斯兰教者，但教徒主要还是侨居中国的阿拉伯人及波斯人，在中国的大地上尚未形成一个独立信奉伊斯兰教的民族。

(2) 自伊斯兰教传入中国起，就形成了大分散小集中的状况，多集中在都城及东南沿海商业城市居住，唐、宋两朝也曾下诏专门拨地，为其提供聚居之地，称作番坊。其间虽有与汉人杂居者，但大都居有定处，自成聚落。崇楼大宅、邸第豪华，在番坊内既有住宅，也有店肆和宗教建筑。

(3) 依照伊斯兰教教义，穆斯林要进行礼拜及聚礼、会礼等宗教活动，就需要有个礼拜场所，建造清真寺也就成为必然。中国第一座清真寺始建于何时，目前尚无确切史料佐证。今日广州怀圣寺、泉州圣友寺和扬州仙鹤寺都是这一时期修建的清真古寺，也是中、阿文化交流的历史见证。

广州怀圣寺光塔

怀圣寺光塔完全为阿拉伯式样，系36.3米高的砖结构，分上下二段。塔内有双螺旋形阶梯，可拾级而上至塔顶；塔身有明显的收分，表面光洁；塔顶原置有金鸡，后因故改成葫芦状塔顶。

广州怀圣寺始建于唐，现有建筑除光塔外全部为清代至近几十年重新建造的。光塔建筑在我国建筑史上的地位很重要，关于它的始建年代在学术界尚有不同认识，然而根据寺内保存的元至正十年（公元1350年）《重建怀圣寺碑记》记载："白云之麓，坡山之隈，有浮图焉。其制则西域，灿然石立，中州所未睹。世传自李唐迄今。"碑文中对光塔描述至为详尽，与现存形制完全相同，但只提到创建于唐朝，未说明具体年代。有关怀圣寺及光塔的文献记载较早的有南宋岳珂之《史》，书中所述形象逼真，"后有堵坡，高入云表，式度不比它塔，环以甓为大址，累而增之，外圈而加灰饰，望之如银笔……"，可以说明至迟在北宋末年，光塔已巍峨挺立于珠江之滨。同时表明怀圣寺虽经后世多次修建，但光塔仍保存原来的状貌，完全是阿拉伯式样，与中国佛塔迥然不同。泉州圣友寺因过去寺内存有元至正十年《重修清净寺碑记》的石碑，因此将该寺称清净寺并沿用至今。但在寺门石墙上的阿拉伯文石刻，屡经中外学者考证，石墙上的阿拉伯文说明该寺称圣友寺，创建于回历400年。寺全部用石砌筑，与传统木构架建筑完全不同。近经学者考证，圣友寺与清净寺实为两座寺院。清净寺位于泉州南门，宋绍兴元年(公元1131年)初建，元至正九年重修，是泉州另一处清真古寺。还有建于宋德元年(公元1275年)的扬州仙鹤寺等。

由以上几处清真古寺的遗迹看出，唐、宋时期的伊斯兰教建筑皆为留居或定居于中国的阿拉伯人为进行各种宗教活动而修建的，建筑布局不强调轴线对称，门、大殿、宣礼塔多为砖石砌筑，用尖拱券或穹窿顶，造型为阿拉伯式样，与传统木构架建筑规制迥异，充分说明是一种外来文化的传入，表现出移植时期的明显特点。虽对以后中国伊斯兰教建筑有所启蒙，但还未形成中国伊斯兰教建筑的独特风格。

这一时期伊斯兰教建筑也传入新疆地区。公元11～12世纪，回纥人(维吾尔族)建立黑汗王朝，并令臣民改信伊斯兰教。从此，伊斯兰教在天山南北得以广泛传播，西迄葱岭，东达库车一带，形成信仰伊斯兰教的广大地区。黑汗王朝国力强盛，文化很发达，建筑活动必有很多，公元11世纪维吾尔大诗人玉素甫写出长诗《福乐智慧》，即反映出当时的文化成就，但伊斯兰教建筑很少遗存。玉素甫的玛扎在喀什南郊，墓祠为穹窿顶，外镶嵌绿琉璃瓦，前有礼拜殿，从墓祠的装饰手法看是后世重修之物，其布局制度仍存古风，很可能是原来的形制。

形成时期

宋末元初至元末明初近90年(公元1279～1368年)的时间，为伊斯兰教建筑的形成时期。南宋末年，成吉思汗大举西征，至公元1258年旭烈兀攻陷巴格达，在短短几十年中征服葱岭以西的中亚、西亚及东欧广大地区。蒙古统治者为取代南宋王朝，又令广大西域各国人民组成“卫军”、“探马赤军”，与蒙古军队一起开到中国本土，最后统一中国，建立了大一统的元帝国。被迁移至中国的西域各民族有二十余个，多达二、三百万人，史书称其为“回回”，元朝则将其称为色目人，所处政治地位仅次于蒙古人，其中最主要的是士兵。他们分散于我国各地“屯田”驻防，成为“上马则

北京东四清真寺礼拜大殿

东四清真寺系北京著名四大古寺之一，创建于明正统十二年(公元1447年)，现有的礼拜大殿仍是明代建筑风格。大殿为传统起脊式，与砖砌圆拱顶的后窑殿结合，异常雄伟壮丽。

备战斗，下马则屯聚牧养”的屯戍人户，形成元朝时“回回遍天下”的局面。被迁居中国的西方各族人民中除军士外，还有大批工匠，以及归服元朝的西域各国贵族、官吏和学者等上层人物，有的出任官职，成为元朝统治者重要的助手。虽然回回中出了些显赫人物，但更多的人民仍与汉人一样，处于被统治地位。

元朝时，信仰伊斯兰教的“回回”逐步成为中华大地上一个新的民族，且包括多种成分，主要是被迁移至中国的西域各国人民，以及部分蒙古族、汉族改信伊斯兰教者和唐、宋以来留居中国的阿拉伯及波斯商人的后裔，采大分散小集中的方式聚居。以共同的宗教信仰、心理状态、风俗习惯等互相联系，形成政教合一的教坊制度，推动回族的形成和发展。

这一时期的伊斯兰教建筑从规模、数量上而言，都远远超过前一时期。据史书记载元大都就有清真寺35座，泉州在宋代仅有一二座，到元时达七座，其他如杭州、昆明、松江、定县、新疆等地都有遗迹可寻，但较完整保存至今的为数很少。现存的几处重修清真寺的元代石碑，对了解伊斯兰教建筑的情况提供了可贵的史料线索。从几处清真寺和墓祠建筑表明，元代的伊斯兰教建筑在平面布局、外观造型上尚保留某些阿拉伯风格和做法，但逐渐以中国传统建筑布局为借鉴，采用纵轴式院落形制，许多单体建筑也采用木构架体系，初步形成中国特有的伊斯兰教建筑制度，这是外来文化逐步本土化的一个必然发展过程。元时广州怀圣寺，泉州圣

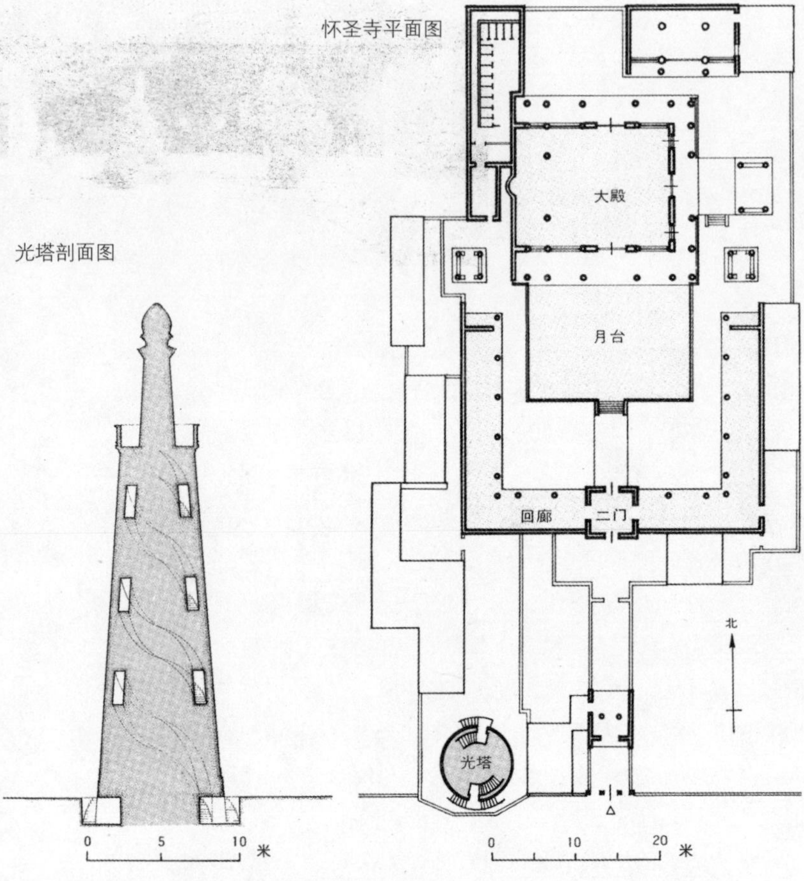

广州怀圣寺平面图 · 光塔剖面图

怀圣寺位于广东广州市光塔路，是一座幽静的清真寺院。因寺内有高耸的光塔，故又名怀圣光塔寺，相传寺始建于唐代贞观年间，元至正十年(公元1350年)重建，清康熙三十四年(公元1695年) 又重修，是我国沿海地区早期建立的伊斯兰教清真寺之一。

怀圣寺占地约0.25公顷，寺中现存的建筑物有望月楼、礼拜殿、光塔、碑亭、水房等，除了光塔之外，都是后世修建的。前来礼拜或参观者，必须穿越三座小院落，再经过望月楼，才能够抵达礼拜殿。其总体布局即是运用中国轴线对称的传统手法。依照伊斯兰教教规，必须面向西方圣地朝拜，故礼拜殿的布置是坐西朝东，其比例大小、色彩及细部装修等，均十分得体。

光塔矗立于寺院西南隅，为圆柱形砖塔，高约36.3米，塔下有进出口，塔内有两螺旋形梯级，可拾级而上。光塔呈下大上小的圆筒形，上面加一同形的小塔，小塔上部挑出二层叠涩出檐，再加一笔头形的尖顶。塔顶原置有金鸡，随风旋转，以测风向，后为飓风所坏，即改为今状。怀圣寺光塔有如巨笔，直插天际，造型浑厚质朴，表现出阿拉伯建筑的特征，是研究伊斯兰建筑艺术的宝贵实例，也是中阿文化交融，源远流长的见证。

广州怀圣寺礼拜大殿

怀圣寺是中国最古老的伊斯兰教寺院，现有建筑物除光塔外，均为近代重建之物。礼拜大殿为重檐歇山绿琉璃瓦顶，在白柱、蓝天的陪衬下，显得格外肃穆庄重。

友寺等都经过重修。杭州真教寺为阿拉伯人阿老丁于延年间(公元1314～1320年)主持修建的，现存建筑多为后世重修，后窑殿用并列的三个圆拱顶，外部做八角、六角攒尖顶，中间较大、形制古老，很可能是元代修建时的原构。定县清真寺亦在元代重修，现后窑殿仍为元代遗存的建筑，有砖砌斗，上部为圆拱顶，外观亦为传统攒尖式屋顶，是中外形制结合的例证。在元至正八年（公元1348年）《重建礼拜寺记》石碑中记有：“于是鸠工度材，大其规制作之，二年正殿始成，但见画栋雕梁，朱扉藻而壮丽华彩，有不可言语形容者。”说明该寺重修时已采用传统木构架制度，梁枋、斗栱广施油漆彩画，非常精彩壮观。

墓祠建筑有新疆霍城吐虎鲁克帖木儿玛扎，仍保存至今，外墙用白、蓝、紫色琉璃镶嵌，中间中部的大圆拱顶做墓室，形制及装修做法近似波斯建筑形式。内地扬州普哈丁墓、北京牛街礼拜寺及泉州许多阿拉伯的传教士墓冢和墓碑，形制亦为中阿混合式样，反映了元代建筑技术和艺术上的成就和特点。

发展高潮时期

从明代初年至鸦片战争(公元1368～1840年)的近500年间，伊斯兰教在中国有很大的发展，逐步形成信仰伊斯兰教

西宁东大寺礼拜大殿

礼拜大殿平面呈凸字形，屋顶由一卷一脊勾连搭带丁头殿组成，面阔七间，规模宏敞。檐下斗是一种变体的如意斗，斜出三挑，仿佛一朵朵盛开的菊花，十分悦目。

的十个少数民族。伊斯兰教建筑也得到空前的大发展，出现教经堂、道堂、拱北等建筑类型，形成了以内地回族等民族的清真寺、拱北和新疆地区维吾尔等民族的礼拜寺、玛扎这两种形制不同、风格各异的中国伊斯兰教建筑体系。

明朝聚居在中国各地的回回，由经商、屯田逐步定居，世代相传，分布越来越广，已完全形成一个独立的民族。因明朝创业过程中深得回民的帮助，故回族享有与汉族相同的地位，特别是回人郑和曾七次率船队“下西洋”，先后到过亚非三十余国，扩大明朝的政治影响，对中外经济、文化、科技交流有杰出贡献，大大地推动中国伊斯兰教和伊斯兰教建筑的发展。明太祖朱元璋称帝后，即“敕修江南、陕西省清真寺，并赐名礼拜寺，大启殿宇”。以后成祖、武宗等都曾下诏新建或重修清真寺。自公元16世纪起，西欧各国对外扩张日盛，海上霸权逐渐为欧洲人控制，阿拉伯等国商人从海路来华受到很大干扰，多由陆路来华。加上自明永乐起，首都迁至北京，政治文化中心北移，东南沿海的阿拉伯、波斯商人日减，逐步形成回族人民呈双T字，即一纵二横的线性分布。南自杭州北达北京大运河两岸的城镇和自济宁西行经河南、陕西、甘肃、新疆等省区，以及自上海至四川的长江沿岸，在这些省市都新修了许多规模宏大、气势雄伟、装饰华丽的清真大寺，犹如一颗颗璀璨的明珠散落在中华大地上。当然这仅指分布较集中的地区而言，全国其他各省也有回族人民分布，并建有清真寺，不过比上述地区较少些罢了。

随着经济的发展，在回族人民中间也必然产生两极分化。明朝后期至清朝初年，甘肃等省先后出现了教主世袭的门宦制度。崇拜教主拱北，这是农业经济发展到一定阶段的必然产物，是一种教主兼地主的制度。伊斯兰教建筑则出现了教经堂、道堂、拱北等建筑类型，还常将各类型的建筑组合在一起，形成庞大的建筑组群。因拱北系教主或宗教上层人物的坟墓，乃不惜人力、物力精心雕琢，故建筑宏大而华丽。

清朝是中国最后一个封建王朝，当时信仰伊斯兰教的民族已达10个。各地为适应广大教民的宗教活动，大量修建伊斯兰教建筑，清真寺建筑遂成倍增长，如南京在清道光年间的清真寺达48座，成都有清真寺数十座。新疆喀什的礼

临夏大拱北

拱北平面呈八角形，系攒尖盝顶建筑。上部起三重檐，乃阿拉伯式穹窿顶与中国传统木构架攒尖顶相互融合，逐步衍化而成。梁、枋、斗均为黄褐色，与底层外墙磨砖对缝砌筑之青灰色墙体形成对比。

拜寺至清末已有126座，几乎每条街道都有一处或数处礼拜寺。明朝许多新建或重建的清真寺，已经完全形成了中国特有的伊斯兰教建筑两大体系。内地的清真寺均已采用木构架制度，平面布局多以礼拜大殿为中心，采取纵轴式院落形制，庭院重重，肃穆幽深。如西安华觉巷清真寺，在窄长的地段上前后布置五重院落，礼拜大殿位在最后，高大雄伟，壮严华美。但也有部分清真寺仍沿用元代砖砌圆拱顶形式，如北京东四清真寺为明代所建，后窑殿则用砖砌圆拱顶结构，大殿内部分彩画虽经后世重绘，仍存明代秀美气氛。从许多史志、碑刻看，许多清真寺都初建于明，但完整保存至今者寥寥无几。主要原因是：一方面因战火、地震等遭焚毁，后世不得不重修；另一方面则因原有规模狭小，大殿不敷使用，而予以拆改扩建，常常突破古代建筑的局限，在平面组织和外观处理等方面都获得突出的成就。如济宁西大寺的礼拜殿平面呈十字形，用勾连搭形式将六个屋顶组合在一起，形成起伏错落、有主有从的丰富造型。又如泊镇清真寺大殿人称有81间。其他如天津南、北大寺、济南北大寺、西宁东大寺等礼拜殿规模都很宏阔，在布局和造型处理上都有独到之处，精彩纷呈，争奇斗艳。

新疆地区的伊斯兰教建筑，按照当地传统继续发展，各类建筑更多地保留中亚一带的形制，与当地的材料和建筑艺术相结合，形成新疆地方特有的中国伊斯兰教建筑体系。礼拜寺平面布局灵活，不追求轴线对称，多采用内外殿制度，玛扎高大气派，如奥大西克礼拜寺及阿巴伙加玛扎就是佳例。

停滞衰退时期

从鸦片战争至本世纪中叶的百余年间，由于世界列强相继入侵，不少伊斯兰教建筑遭到程度不同的毁坏。东部沿海诸省已经成为列强侵略中国的前沿阵地，伊斯兰教建筑多呈现停滞和衰退现象。一些新建的清真寺，其规模、质量和艺术水准也远不如前一时期。特别是抗日战争爆发后，全国各族人民都投身到民族存亡的争战中，许多寺院遭到战火的摧残，有的已荡然无存。西北地区相对战乱较少，门宦制度有一定发展，某些教主或宗教上层人物为了扩大势力和影响，于是招揽教民，兴筑了许多规模大、装修精丽的清真寺，如甘肃临夏八坊就是这种情况的典型缩影。临夏曾是民国初年几位西北马姓省主席和军阀的家乡，他们大发横财之后，在家乡广置田产，修建豪华住宅和清真寺，互相攀比夸耀。八坊人口密集、屋宇栉比，有清真寺12座，俗称八坊十二寺。高大的寺院和凌空的邦克楼及华丽的住宅组群，构成八坊特有的风貌。

此时西方的建筑技术也传入中国，推动了建筑技术的变革。一些新建或重建的清真寺，有的采用钢筋混凝土结构和楼层式布局，如上海小桃园清真寺及江西南昌清真寺就是典型例证。

伊斯兰教建筑的类型与组成

——中阿混合体的清真寺及墓祠建筑的独特风貌

伊斯兰教在唐代经陆路和海路传入中国。后因宗教活动需要开始建造礼拜寺，伊斯兰教建筑乃在中国出现。早期出现在我国沿海一带的伊斯兰教建筑采用砖石结构和阿拉伯建筑风格，随着时间的推移，逐渐形成中国伊斯兰教建筑的两大体系；内地伊斯兰教建筑受传统做法的影响，多采用院落式平面布局、木构架结构，装饰纹样和室内彩画等处则保留阿拉伯建筑风格的影响。由于教义不提倡崇拜偶像，只要求教徒在礼拜时能面向圣地麦加即可，建筑平面遂呈灵活多变的形式。为满足呼唤教徒之需要，寺内多建有楼阁或塔式邦克楼，高耸于建筑群之上。新疆地区的伊斯兰教建筑因应当地气候影响，一般为内外殿布局，多用木质密肋式梁构架的平屋顶，亦有以砖或土坯砌筑拱形屋顶，重要建筑物的外表包砌彩色琉璃，并建有装饰性强的高塔及尖拱形大门。新疆地区现存的伊斯兰教建筑除礼拜寺以外，还有一些大型陵墓建筑，大都与阿拉伯建筑的风格相近。

中国伊斯兰教建筑包括清真寺、墓祠、教经堂及道堂等类型，其中最重要的是清真寺，建造的数量也最多，为信仰伊斯兰教的广大穆斯林在政治、经济和文化方面的集大成者。

清真寺建筑

清真寺又称为礼拜寺，是阿拉伯语“买斯志德”(masjid)的意译，意思为“叩拜的场所”，在《古兰经》中曾多次提到这个名词。买斯志德又源于“斯志德”(sjid)，意为俯首叩拜，表示对真主阿拉的无比顺从和亲近。《圣训》中提到“人在叩拜时最接近真主”，因此叩拜就成为广大穆斯林对真主顺从的一条基本原则，而买斯志德也就成为清真寺或礼拜寺的专有名称。

中国历史上将伊斯兰教礼拜处所统一定为清真寺，当在元末明初，以前的史书文献中称谓比较多，有礼堂、祀堂、礼拜堂、教堂等。一些寺院也有各式各样的名称，至公元13

同心清真大寺礼拜殿 / 左页

礼拜殿建在一个高约10米、由砖包砌的台座上，平面呈十字形，规模宏大。屋顶采用二脊一卷勾连搭形式，殿前两侧则有八字墙。

巍山回回墩清真寺礼拜殿

礼拜殿面阔七间，周绕回廊，重檐歇山顶，中央三间为中国式扇门，两侧四间为阿拉伯式券洞门。由于礼拜殿“生起”显著，檐角起翘很大，遂使平直呆板的屋面增加无限活力。

世纪以后，杭州建造真教寺、泉州重修清净寺，始有“清净”、“真教”之称谓。至公元15世纪，清真一词被伊斯兰教广泛采用，清真寺乃逐步成为伊斯兰教寺院的专有名词。根据一些伊斯兰教学者的释义：“清”是指真主清净无染，不拘方位，无所始终；“真”则是真主独一至尊，永恒常在。“清真”一词被伊斯兰教采用后又赋予新意，其中也反映了中国伊斯兰教学者对伊斯兰教教义的认识。而新疆地区一直将伊斯兰教寺院称为礼拜寺，并沿袭至今。

清真寺首先是广大穆斯林进行礼拜、举行各种宗教仪式和社会活动的场所，也是沐浴洁身的场所。每一座清真寺都将周围的教民组织在一起，形成一个区域性的宗教和民政组织单位，因此它不仅有宗教方面的职能，也有社会的多方面的功能。自明中叶以后，寺院还普遍增建讲堂，成为进行宗教教育、培养职业宗教者、传播宗教教义和学问之地。而伊斯兰教在中国的传播发展，主要也是依靠清真寺的经堂教育维系着。同时清真寺还兼有为广大穆斯林主持婚丧嫁娶、纪念亡故先贤等集会功能，又是为广大穆斯林屠宰食用畜禽的场所。有许多清真寺，特别是在农村的清真寺，也往往成为排解教民纠纷、评断是非曲直的“法庭”。伊斯兰教人民重要的经济活动为经商，因流动性大，所以有些地处交通要冲

广州桂花岗先贤墓祠

墓祠下部为方形，上部起半圆拱顶，砖墙四隅则砌菱角牙子。外部墙头装饰纹样为阿拉伯制度，且形制较古老。祠前有清代加建的木构祭亭。

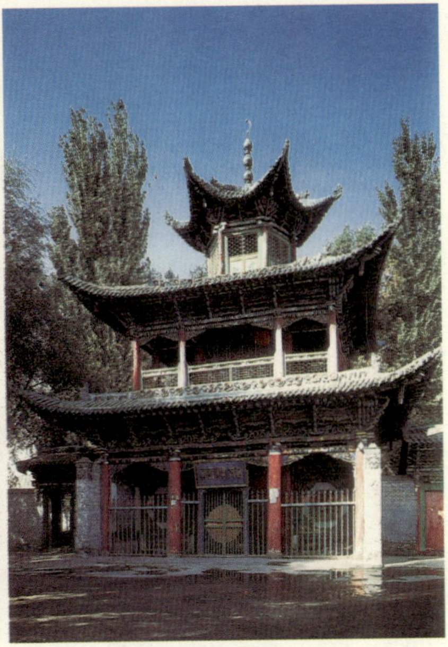

的清真寺就自然地成为接待流动穆斯林的客舍，因此带有会馆建筑的功能。

总之，中国内地清真寺的社会职能多样化是它的重要特点之一，且有别于其他宗教建筑。正是由于清真寺的宗教和社会职能是多元化的，因而其构成也是由许多功能不同的单体建筑组合在一起的，形成庞大的建筑组群。主要包括广大穆斯林进行礼拜和各种宗教活动的礼拜殿、后窑殿，为礼拜服务的邦克楼或望月楼、水房(沐浴室)和涝坝，阿訇办公和生活起居的住房，传播宗教教义和学问的讲堂，以及碑亭、凉亭、游廊，乃至客舍、杂务等附属建筑和建筑小品。内地清真寺建筑中的讲堂、办公室、住宅、水房等多为三至七开间的单层建筑，与其他宗教建筑、民居等无大差异，从平面布局到外观造型也无更特殊之处。新疆地区的礼拜寺中的教主办公和住房等辅助建筑亦与维吾尔族大型民居做法相近，以厚土坯墙承重，平屋顶，室内壁面则做成大大小小各种尖拱状壁龛，外贴石膏花饰，既是装饰又有实用价值，故此不逐一介绍。现仅就清真寺礼拜殿、后窑殿、邦克楼、大门等单体建筑简述如下。

西安华觉巷清真寺省心楼 / 左

系楼阁式建筑，又叫邦克楼。平面为八角形，两层三檐，蓝琉璃瓦攒尖顶，楼上楼下均绕以回廊。

伊宁回族大寺大门 / 右

采用与邦克楼组合的做法，高三层，翼角起翘较大，尤以顶层六角亭式屋角起翘更高。三层屋面均覆琉璃瓦，檐下设斗，施彩画。

1. 礼拜殿、后窑殿

礼拜殿是广大穆斯林进行礼拜和宗教活动的中心，也是克尔白在各地的象征。一座清真寺的规划布局也都是围绕礼拜殿这个主体建筑展开的。根据伊斯兰教教义，穆斯林除了每天要做五次礼拜和每周的聚礼活动之外，还有每年的开斋节、古尔邦节和圣纪等重大节日，届时举行会礼、办圣会等，都需要在清真寺的礼拜殿内进行集体的朝拜等仪式。所以礼拜殿的规模都很大，往往也随着周围教民的不断增加而进行扩建或改建，这种任意扩建的做法是伊斯兰教建筑独具的特点之一，也是其他宗教建筑所没有的。

礼拜大殿一般由卷棚、礼拜殿和后窑殿三部分组成。卷棚是教民进殿朝拜前的脱鞋处，可以在大殿前面用卷棚顶建筑独立修建，也可以利用大殿的前廊。若教民多，大殿内容纳不下时，卷棚又是朝拜之地的补充和延伸。礼拜殿为大殿的主体部分，规模宏阔，空间高敞，平面形式多样，犹如一个大会堂。殿内铺以成行成列的毡毯，供穆斯林举行叩拜仪式。后窑殿是圣龛所在，为朝拜方向的标志，也是全寺最神圣、最考究的地方。为了显示后窑殿神圣的宗教职能，内地清真寺多采用二至三层的楼亭式建筑，高出于整座大殿之上。新疆、云南等地的礼拜殿多无后窑殿之设施，仅在大殿西壁做一圣龛，运用各种装饰加以美化，突显其标志的功能。

综观许多大殿建筑，虽然其平面布局较灵活多样，但仍有些原则必须遵循。

首先，不论清真寺大殿采取哪种布局，后窑殿的圣龛都必须背向麦加克尔白，这是依教义确定之最基本的原则之一。就是说不论清真寺建在何处，全世界的穆斯林朝拜时都必须面向克尔白。因中国地处圣城麦加的东方，所以中国绝大多数的清真寺圣龛均设于大殿西墙上，也有极少数寺院的圣龛因地形限制而稍微有些偏差。

其次，殿内不供偶像。伊斯兰教为“信主独一”的宗教，只信奉真主阿拉是宇宙万物惟一主宰，反对偶像崇拜。由于伊斯兰教教义认为真主是独一无二的，能创造一切，主宰一切；而真主又是无形象、无方所的，因此只要教徒做到“心里诚信”即可。所以在清真寺中，尤其是大殿内不设任何偶像。这种教义为清真寺大殿的平面布局提供了极大的灵活性，不像佛、道等宗教建筑那样，因在殿内供奉各种神像供信徒们顶礼膜拜，致使大殿的面阔、进深都受到一定的制约。而清真寺大殿仅为广大穆斯林提供朝拜的场所，殿内不

北京牛街礼拜寺后窑殿望大殿内景 / 左页

自后窑殿外望，只是柱间纵横方向装设的尖拱门，将大殿分成多组既相对独立，又彼此通连的空间。殿内柱、梁、枋布满设色鲜艳的彩画，地上则铺以成行成列的毡毯，供穆斯林举行礼拜仪式。

乌鲁木齐陕西大寺清真寺内景

由于伊斯兰教反对偶像崇拜，所以大殿内不设任何偶像，平面布局较灵活自由。大殿前部为面阔五间带周围廊的横长方形平面，后窑殿为两层檐，下层为三间见方，上层为八方屋顶。后窑殿设有凹状圣龛，圣龛左前方则配置一攒尖顶的宣谕台。

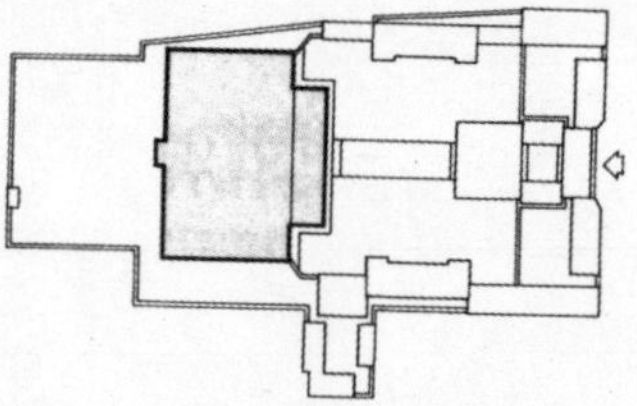

凸字形
甘肃临夏老王寺

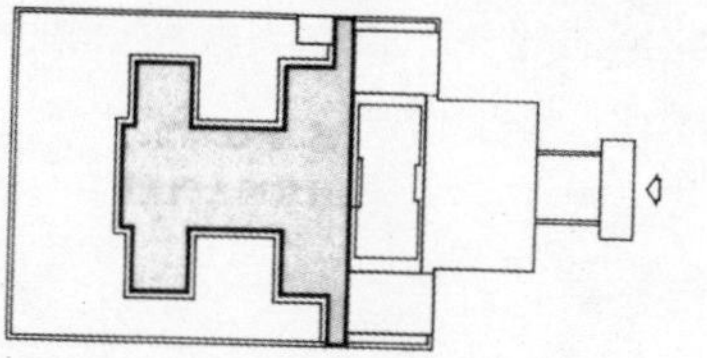

工字形
福建福州南门兜寺

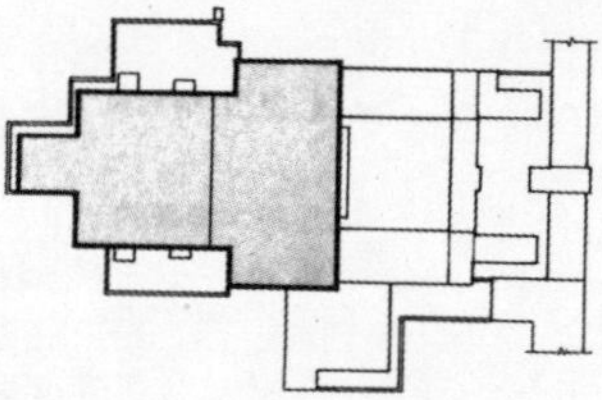

复杂平面组合
河南开封鹁鸽寺

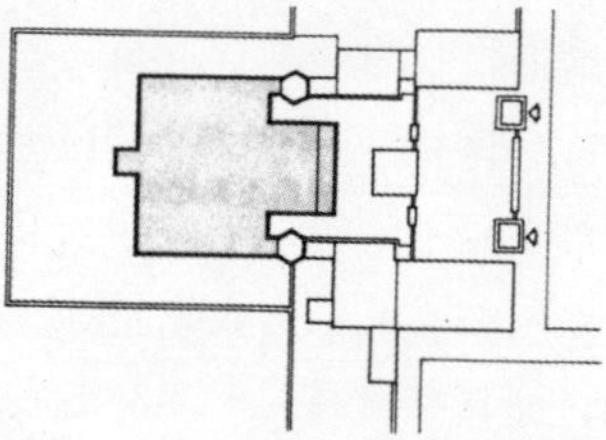

山字形
北京通县寺

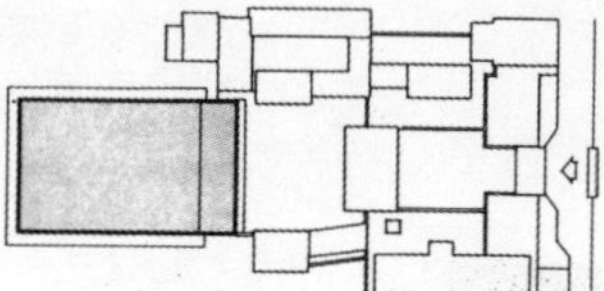

纵长形
山东济南南大寺

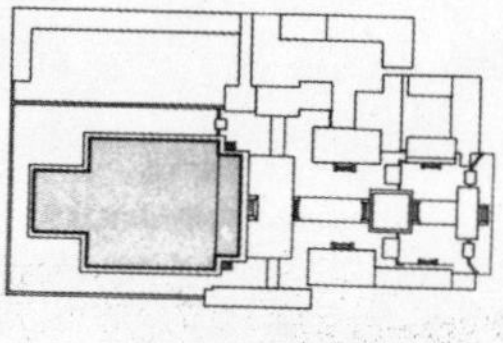

十字形
河北泊镇清真寺

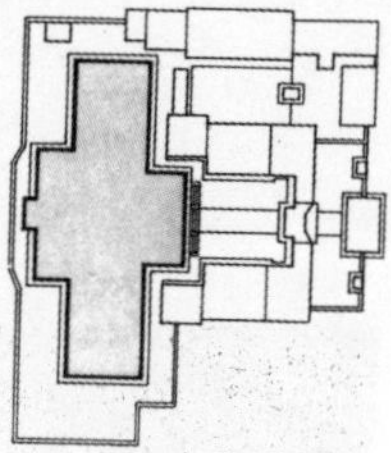

十字形
河北宣化清真寺

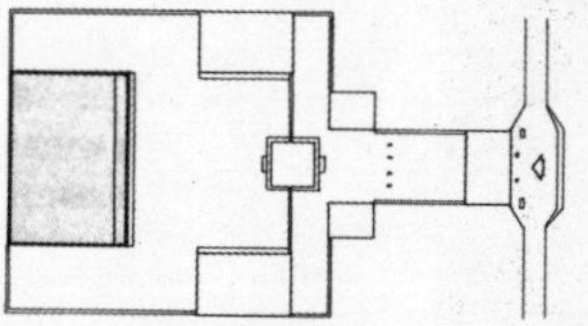

横长形
云南大理南门寺

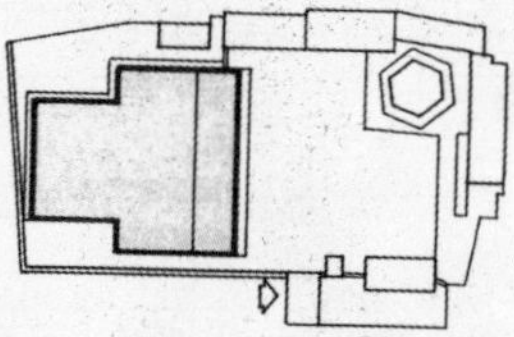

凸长形
甘肃天水寺

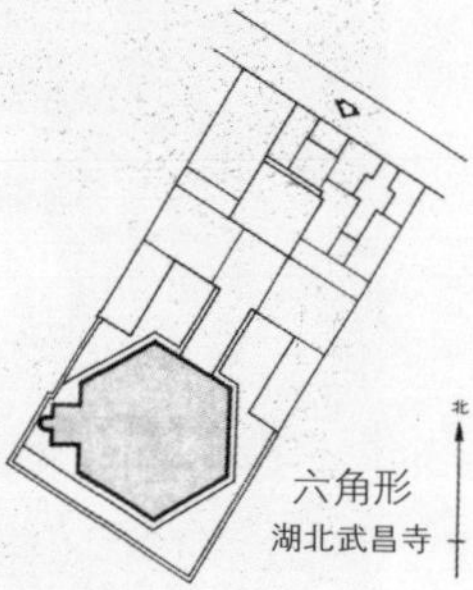

六角形
湖北武昌寺

清真寺礼拜殿平面形式图例

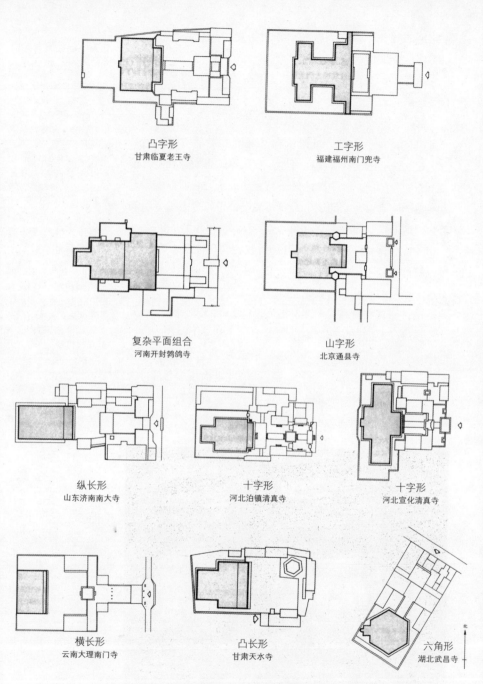

礼拜殿是广大穆斯林进行礼拜和宗教活动的中心，也是克尔白在各地的象征。一座清真寺的规划布局也都是围绕礼拜殿而展开。依据伊斯兰教教义，穆斯林除了每天做5次礼拜和每周的聚礼活动之外，还有每年的开斋节、古尔邦节和圣纪等重大节日，届时举行会礼、办圣会等，都需要在清真寺的礼拜殿内进行集体的朝拜等仪式。

礼拜殿为清真寺的主体建筑，规模宏阔，空间高敞，平面形式多样，犹如一个大会堂。礼拜殿的平面通常采用的形式有纵长形、横长形、凸字形、丁字形、十字形、工字形，其他还有六角形、亚字形、山字形或更复杂的平面组合。再则，在每一种形式中，屋顶组合及造型亦不相同，千变万化，精彩缤纷，是其他类型建筑中所罕见的。礼拜殿的扩建也无明确的规定和较固定的制度，主要视教民的多少，以及集资的情况而定。扩建的方向是向纵深接建，或是横向延展，完全取决于大殿的基址的具体情况，进行规划设计，而中国传统建筑木构架体系也为这种平面延展、空间组合和灵活分隔提供了可能性和自由度。

设偶像，使教徒可以不受“瞻仰神像”视线远近的限制，礼拜殿的面积则相对扩大不少，同时平面形式也可以产生各式各样的变化，因此教徒不论离圣龛远近，只要依圣龛提供的方向进行叩拜，即可完成朝拜仪式。

还有，大殿必须设置圣龛，且多做成凹壁状。圣龛的形式是以麦地那先知寺的圣龛为标准模式，然各地区的龛壁做法却小有差异，特别是龛壁周围的装修处理并无定规，就使得许多寺院的圣龛都有独特的艺术风格。内地清真寺多以圣龛为中心单独设置，称为后窑殿，龛壁周围则有华美的木装修。而新疆等地的礼拜寺并不单独设置后窑殿，仅在大殿西壁做尖拱式圣龛，以色彩艳丽的石膏花纹、拼砖图案作为装饰。

此外，圣龛前左侧设置宣谕台，阿拉伯文原称为敏拜儿(minbar)，是阿訇及教主在会礼、聚礼时讲述教义和传经布道的讲坛。宣谕台源于穆罕默德晚年向教徒讲经时修建的一种阶梯形木台，台上有木椅，备有木制手仗，以后逐渐成为礼拜殿内一项重要设施而沿用下来。中国清真寺内的宣谕台多为木制，做成楼梯状的台，有木栏杆扶手；上置座椅及木手杖。具体形制无定规，有的在台前做成罩式门楼，有的在台上做成垂花门或轿子顶式，也有的做成三层楼阁状。因其雕饰精丽，且装饰性很强，遂成为大殿内一种特殊的陈设。

2. 宣礼塔

宣礼塔(Minarat)一词源自阿拉伯文manar(有灯光之处)，是伊斯兰教建筑中特有的高层建筑物，一种尖塔式的建筑，又称唤醒楼、邦克楼、密那楼，最初是为了召唤教民至清真寺做礼拜用的。因晚间还有点灯作为标志的做法，所以又有值更楼、点火处等称谓。伊斯兰教初创时还没有宣礼塔建筑，当时是用敲梆子的方式通知教民做礼拜，后来则站在高处大声念颂宣礼词呼唤教民。

第一座邦克楼于公元664年在伊拉克白索拉大清真寺与礼拜殿同时建成，之后在许多古寺如麦加禁寺、麦地那先知寺及新建的寺院中，都增建了宣礼塔，并且逐步成为定制。从此邦克楼的设置也就成为清真寺的一个重要标志，以其高耸挺秀的身影，不仅对清真寺建筑群，乃至对整个城市的面

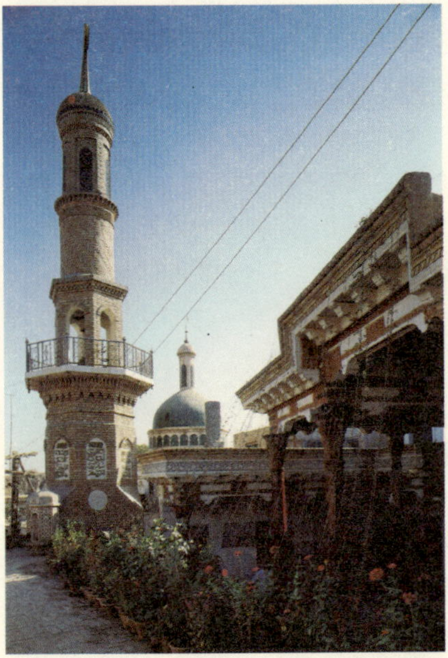

喀什某礼拜寺邦克楼

系新建寺院，仍为南疆常见的建筑风格。画面左侧的邦克楼为四层砖砌建筑，楼身细长，并于第二层挑出平台栏杆。邦克楼原为召唤教民至礼拜寺做礼拜用的，今已失其功能而成为装饰性建筑。

貌都产生重要的作用。

中国清真寺中邦克楼的设置比清真寺出现的晚些，广州怀圣寺光塔则是中国现存最古老的宣礼塔，形制完全仿照阿拉伯式样。新疆苏公塔礼拜寺邦克楼高达44米，是中国最高大的邦克楼，也是世界伊斯兰教建筑中极为著名的邦克楼之一。自元代以后，内地清真寺的邦克楼多仿照传统楼阁式建筑为之，如兰州解放路清真寺邦克楼为四层楼阁式，其做法与佛教建筑楼阁式塔类似。一些修建较晚的邦克楼也有部分仿照阿拉伯式邦克楼形制，用砖石砌筑成细高塔身，上部用亭式建筑结顶；形成中西结合式样，高耸挺拔，玲珑秀丽。如内蒙古呼和浩特清真寺邦克楼，平面呈六角形，高达五层，下部四层用砖砌筑，顶上为六角攒尖顶亭式建筑，并在第三层及第五层挑出平台栏杆。

邦克楼的位置及数量没有统一限定，西方各国的清真寺中有一座者，也有多达八座的，多建在一隅或与大门相结合。中国内地清真寺大多沿中轴线布置，或单独建造，或与大门、二门相结合，如甘肃监夏老王寺即是邦克楼与门结合使用的优秀实例。泉州圣友寺、杭州真教寺的大门均为砖石砌筑，后世修建时在其顶部加建五层楼阁式塔楼，成为大门的一个组成部分，气势雄伟壮观，遗憾的是塔楼部分均未保存下来。内地清真寺的邦克楼多为一座，也有极少数修有两座者。新疆的礼拜寺邦克楼数量比内地为多，有的达六、七座，多数以两座邦克楼与大门建在一起，也有的建于四隅。随着时间的推移，计时方法日多，邦克楼的唤醒功能逐步消失，随之也就成为一种装饰性建筑了。

3. 门

在伊斯兰教建筑中，特别是清真寺的大门、二门的做法颇具特色，成为伊斯兰教建筑中的重要标志之一。

中国早期的清真寺大门多仿照阿拉伯建筑形式，用砖石砌筑，门楼雄伟高敞，泉州圣友寺、杭州真教寺大门皆为此种制度；真教寺大门已毁，圣友寺大门就成为此种制度的惟一例证。平面呈窄长形，分内外两部分，全部用当地产的青石砌

阆中巴巴寺大门

巴巴寺位于阆中城东盘龙山麓，大门为二柱式带八字墙形制，单檐庑殿顶，出檐深远，翼角起翘较大，似欲展翅飞翔，秀丽柔美。

筑，外部用尖拱券形式的门厅，门内后半部较低矮，内部用穹窿顶，朴素无华。后墙有阿拉伯文石刻，是判定圣友寺创建年代的主要依据。上为平顶，周绕雉堞，非常壮观。自元代以后，内地清真寺多采用中国木构架形制，大门、二门逐步由砖石砌筑演变为屋宇式门，且多与邦克楼合建在一起，亦即在大门或二门上部起楼阁，二至五层不等。如宁夏同心韦州清真寺二门与宁夏同心清真大寺大门、河北泊镇清真寺二门，均是与邦克楼相结合的优秀范例。除上述与邦克楼组合在一起的大门或二门外，大多数清真寺与其他宗教建筑及王府建筑的大门颇有相似之处，于大门外的对面设置雕饰华丽的影壁，如北京牛街礼拜寺、兰州解放路清真寺、青海湟中洪水泉清真寺等，尤以兰州解放路清真寺的影壁最宏大精丽，堪称影壁之佳作。华北、西北许多著名的大寺也是沿用三门并连的制度，中部三启的大门高大宏敞，两侧布置较低矮的一至三间的旁门，形成高低错落、主从分明的建筑组合，如宁夏同心韦州清真寺、安徽寿县清真寺皆采此一制度。也有些清真寺在大门前加建牌楼，或木或石，雕饰甚美，更增添大门的艺术魅力。如北京牛街礼拜寺大门前部置木牌楼带八字墙，与其后的望月楼组成大门，非常玲珑华丽。

新疆地区的礼拜寺或玛扎的大门做法与内地有很大差别，然与中亚一带伊斯兰教建筑的大门做法相近，虽然在装饰材料与纹样上有一定的差异，但从其基本形制看却属同一风格，因而形成独具的艺术造型。大门一般分内外两部分，前半部非常高大，用尖拱券式门廊，门旁及上部设置许多虚虚实实的尖拱券式小龛，两侧建圆柱形邦克楼，透空的塔楼高耸于大门之上，大门墙面及邦克楼身满贴各色琉璃面砖，或用型砖组成多种花纹图案，形成雄伟绚丽的外观。如喀什玉素甫玛扎、库车大寺的大门皆为此种做法。新疆地区大多数伊斯兰教建筑大门多采用这种门制，但也有因地形、功能等因素采取变通的做法。如喀什艾迪卡尔礼拜寺，将一侧的邦克楼与大门脱开，中间插入一段砖墙，使大门朝横向延展，形成较宏阔的风格。

墓祠建筑

中国伊斯兰教建筑中这一建筑类型的出现时间也很久远，早期多是一些域外的传教士和知名人物的坟墓，后人为

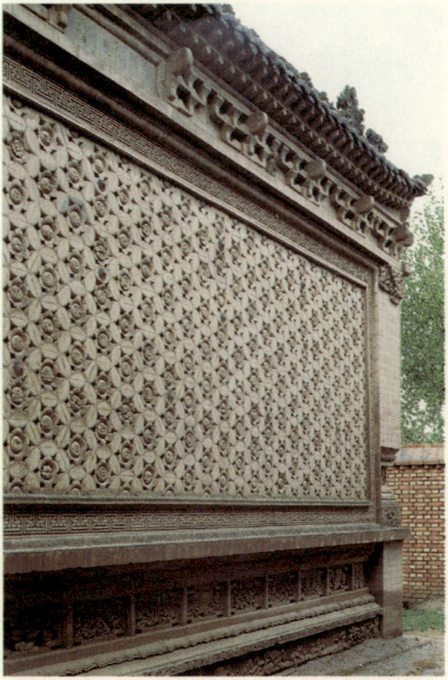

湟中洪水泉清真寺照壁

系砖雕而成，整个壁心皆雕镂精巧的六角花卉，宛如一片锦绣，生机盎然；须弥座束腰及壁心周边也雕有几何、花草图案。整座照壁不愧为一件砖雕工艺品。

喀什阿巴伙加玛扎墓祠内景

墓祠内部空间高阔宏敞，富于变化的尖拱及壁龛，俊秀挺拔，四壁及顶一色素白，更显其寂静雅洁。祠内埋葬着喀什伊斯兰教白山派首领阿巴伙加及其父与亲属的墓穴。

纪念他们，遂在其墓地上起祠屋，如广州斡葛斯墓、扬州普哈丁墓等。墓祠规模一般都较小，并依照阿拉伯墓祠制度，在方形的平面上用砖砌成半圆形拱顶，有的在屋顶外面包镶中国传统建筑形式的攒尖顶，祠内置长方形的填冢，外观造型比较简素。为进行种种纪念活动，墓祠前部常建有小型的礼拜殿、碑亭等建筑。有些传教士的坟墓不起墓祠，或布置在清真寺的一隅小院，如北京牛街礼拜寺、杭州真教寺等；或另外辟地建造，如泉州灵山圣墓，是许多早期阿拉伯传教士的集体墓地，不起墓祠，仅以共同的柱廊相罩。明朝末年起，随着门宦制度在中国的产生和发展，伊斯兰教墓祠建筑在中国西北诸省得到空前的发展，各教派门宦纷纷建筑墓祠，以期扩大势力，收揽教民。

甘、青、宁诸省的墓祠建筑(当地称拱北)规模都很大，且大部分都包含数个院落，但以墓祠院为主体，占据中心位置，两侧布置礼拜殿、阿訇的办公室与住宅、客房院、杂物院等，有的还附有花园。主体墓祠多为方形平面，也有八角形平面者，有单檐、重檐及三重檐形式，屋顶多用轿子顶，造型气魄雄伟，雕饰精致，丰富多彩。多沿用前堂后寝制度，在墓祠前置拜殿，供后人及教民朝拜。

新疆地区的墓祠(当地称玛扎)规模也很宏大，并与礼拜寺、教经堂、教民墓地等组成庞大的建筑群。墓祠采用圆拱顶，祠壁及拱顶镶贴琉璃型砖，可明显地看出是仿照麦地那圣墓制度，如玉素甫玛扎及阿巴伙加玛扎等。

总之，墓祠建筑都是政教上层人物的坟墓，不惜人力、物力，选用上等工料，精心雕琢装饰，极尽豪华之能事，成为炫耀门宦及家族势力的重要标志，但从另一方面也体现了劳动者在建筑技艺方面的高度水准和杰出成就。

扬州普哈丁墓

系伊斯兰教坟墓的传统形制，全部用条石砌筑，总高88厘米，各层墓石上雕有牡丹、卷草花纹及阿拉伯文《古兰经》经文之图案。

伊斯兰教建筑的布局与装修

——中国伊斯兰教建筑两大体系的技术与艺术成就

伊斯兰教建筑传入中国后，不论是建筑类型、布局及空间处理，或是建筑装修与装饰，大多突破原先的阿拉伯建筑风格，融合中国内地传统的木构架建筑和新疆地区的传统建筑风格，灵活创新，形成特有的中国伊斯兰教建筑两大体系。

建筑布局、空间处理与艺术成就

内地回族等民族的清真寺建筑，为了便利穆斯林就近礼拜和进行各种宗教活动，多建在穆斯林聚居的中心位置。城市中多位在主要街道和交通便利之处，农村则多建在村头风景秀丽的高冈上。西北诸省因回族人民聚居较集中，清真寺建筑也比其他省区为多，因寺址的选择不受地形条件的限制，几乎城市的各主要街道上都有，甚至一条街巷中有好几座清真寺。新疆各族人民大都信仰伊斯兰教，礼拜寺的数量则相对地更多。中国伊斯兰教建筑自明代以后已形成内地回族等民族的清真寺、拱北和新疆地区维吾尔等民族的礼拜寺、玛扎为代表的两大伊斯兰教建筑体系，其总体布局、单体建筑平面及室内外空间处理等，既有共同遵守的原则，也有明显、独特的艺术风貌。

1. 建筑组群的布局及空间组织

中国内地的古代建筑，多以木构架体系为主，单体建筑的规模受到一定的限制，在总体上不是扩大单体建筑的规模，而是增加单体建筑的数量，以适应各种不同功能的需要，达到扩大建筑规模的目的。布局的原则是以几座单体建筑围绕一个中心空间——庭院，来组织建筑群，并以院落为基本单元，纵深发展为“进”，横向扩展为“路”，几进几路就成为衡量建筑规模的主要标志。院落的形状、规模以及不同的功能要求、不同地区可以有很大的差别，但始终遵循“无院不成群”这个基本原则。此外，认为以院落来组织建筑是中国古代建筑的主要特征之一，也是中国封建社会政治思想文化传统在建筑上的体现和表述，它的审美价值不仅在于单体建筑的艺术处理，而且这种向心的群体意识更成为中国古代建筑的重要文化内涵。中国伊斯兰教建筑中的清真寺、道堂等建筑类型都体现了中国古代这一传统，并依据宗教教义所赋予的功能，

西安华觉巷清真寺木牌楼 / 左页

华觉巷清真寺规模宏伟，五进院落的窄长形平面坐西向东。三间四柱式木牌楼位在第一进院落中间，是大门的先导，额题“道法参天地”。牌楼覆以蓝色琉璃瓦顶，檐下斗层层叠出，极富韵律感。

天津清真北大寺礼拜殿

面阔五开间，中部三间设卷棚，作为教民进殿朝拜前的脱鞋处；若教民众多，大殿内容纳不下时，卷棚又是朝拜之地的补充和延伸。礼拜殿清一红色的扇门、柱、栏杆，更突显其庄重肃穆。

北京牛街礼拜寺礼拜大殿及碑亭

五开间的礼拜大殿为全寺核心，前檐柱间的雀替及阑额饰以精致彩绘。大殿前庭院内设有两座碑亭及铁香炉；重檐歇山顶的碑亭内，立有石碑一通，坐落在须弥座石台上。

形成有别于其他建筑类型的独特形制。

内地清真寺建筑的总体布局，不像其他宗教建筑有比较固定的格局，而是比较自由灵活。一些单体建筑也没有明确的位置和形制，所以几乎每座寺院的总体规划都不相同，大体是以礼拜大殿所在的院落为主导，依此规划整个建筑群的内在秩序。这一院落不仅是通达各个建筑的交通枢纽，也是礼拜殿宗教功能的延伸，当礼拜的人数众多，殿内容纳不下时，殿前庭院也成为露天朝拜和举行各种宗教活动的聚会场所。为了渲染宗教建筑特有的神圣、威严、肃穆的审美功能，伊斯兰教建筑也多沿袭轴线对称的原则，有明确的主轴线，以礼拜殿的前庭为主导，在两侧布置讲堂、办公室等，沿中轴线向前延伸，布置大门、二门、邦克楼、木石牌楼等辅助建筑，创造了许多有层次的空间序列，形成庭院深深的纵深布局。水房、住宅、杂务等附属建筑多在中轴线两侧，另组织小型庭院。伊斯兰教建筑中的圣龛，按教义必须背向麦加，因此礼拜殿均坐西朝东，形成西向为尊的庭院制度，因此主轴线均为东西向遂成为定制，与中国其他宗教建筑以南北向为主轴线的原则迥然不同。

由于历史的原因和地区自然条件的差别，伊斯兰教建筑亦如其他建筑类型一样，庭院的布局形式、规模大小也有差异。大体上而言，殿前庭院有以下几种形制，早期和南方地区的清真寺多采用廊院式，与阿拉伯地区早期的礼拜寺建筑有相似之处，与我国唐、宋时期的宫殿、寺庙建筑为廊院式格局则一脉相承，有的仍沿袭至今，如广州怀圣寺及濠畔街寺就是典型例证。南方气候湿热，为防止阳光直射，庭院都比较狭小，犹如天井，庭院西面设礼拜殿，东为门道，四周以回廊围绕，若教民较多，回廊亦可作为礼拜的补充场所。但绝大多数则是采用四合院式布局，如北京牛街礼拜寺、四川成都皇城街清真寺、天津南大寺、河北宣化清真寺、河南开封东大寺等，主体庭院西向为礼拜殿，南北两侧布置讲堂、办公室，东向置门，组成四合院。庭院正中铺甬路外，亦可绕抄手回廊至大殿。当然有些寺院的主体庭院四周不一定都有建筑，只是二合院或三合院的形式，为四合院的衍生形制或不完整的四合院。如扬州仙鹤寺大殿前庭，东面除垂花门式的二门外，三面均绕以围墙，形成较为封闭宁静的庭院环境。为了烘托大殿的宏伟气势，许多清真寺也常在庭院内置邦克楼、碑亭等独立建筑和建筑小品，不仅丰富了庭院的景观和空间层次，而且由于这些建筑的体量小，与大殿呈现鲜明对比，映衬大殿更加雄伟。也有寺院采用障景式布局，在主轴线上利用门、坊、邦克楼界定若干院落，每个院落中都有独置的中心建筑，迎接人们的视线，并利用此一空间层次来避免一眼望穿。每个院庭的大小、形式各具特色，给人的感觉也不尽相同，一一导引人

西安华觉巷清真寺碑亭

华觉巷清真寺共五进院落，每一进皆有其特点，体现障景式布局之美。迈入第二进院落三间四柱三楼式仿木构石牌坊之后，只见左右各置有一座具明代遗风之碑亭，周身施以精致砖雕，内部立有石碑。

们前进，最后至主体庭院，达到高潮。西安华觉巷清真寺是体现此种布局最完美的寺院。

在建筑群体的空间组织上，为了烘托大殿的宏伟壮丽，多采用欲扬先抑、欲放先收的做法规划庭院间的空间关系，颇具含蓄美。空间布局上依对称原则布置的主体庭院规模宏大，但进大门后的一个或数个庭院，不论沿主轴线纵深布列，或因地形受限而有转折，其规模都比较小而简洁，且多呈横长形，将人们的视线收缩在一个狭小的范围内，一旦进入主体庭院顿觉豁然开朗，视线也为之“解放”。迎面高大雄阔的大殿，在两侧低矮的辅助建筑衬托下，更显得恢宏巍峨，而主体庭院和大殿给人的感觉也远比实际尺度大得多，这样的寺院很多，如山东济宁西大寺、宁夏同心韦州清真寺、河北泊镇清真寺等。建在城市中的一些清真寺，常因地形所限，必须通过曲折的路线才能进入主体庭院，其经营者不仅运用欲扬先抑的手法来突出主体庭院，而且打破地形的局限，采取多种做法精心规划，将这些曲折巷道化整为零，布置成大小相间、自由活泼的空间序列和丰富多彩的空间形象，取得引人入胜的效果。如上海松江清真寺，进入大门便是小且暗的天井，将人们的视线极度压缩，经转折进入一个宽不及3米、长约20米的窄巷，若不予以适当处理，将予人趣味索然之感。建造者将此狭长空间用二门分为两段，前部沿西墙布置一座回教先贤墓碑，四周植以花树，形成一个肃穆雅宁的小院，穿过二门前行至与邦克楼相结合的三门前，正对主轴线局部拓宽，形成进入主体庭院的前导空间。由于结合地形作了如上铺垫，从而更渲染出主体庭院的宏阔，在空间形象的组织上是很成功的。安徽安庆清真寺从大门到大殿有三道门，将前导庭院分成三区，曲折行进，颇有情趣，亦收到欲放先收的效果。

清真寺中礼拜殿必须背西面东的方位，便给位在街巷东面寺院的总体布局和空间组织带来困难，因而出现大门位在殿后的布局，如北京牛街礼拜寺、内蒙古呼和浩特清真寺、山西太原清真寺等，均属此一做法。自大门进到大殿，必须穿行一系列小院和巷道，若处理得当同样可以收到意想不到的空间艺术效果。如山西太原清真寺，大门位在殿后，因沿街有店面，大门仅占很小一段，门前置醒目的木牌楼，步入屋宇式大门，便是一狭长转折的巷道，运用过厅、影壁、二门等将其分成四段，每段都有独特的艺术风格，予人曲折通幽、深邃莫测的神秘感觉，这是其他宗教建筑所没有的。

清真寺内，阿訇办公及居住的庭院，视地形而定，比较自由灵活。在炎热的南方，为防止阳光辐射，庭院较小，可随意布置在房前、屋后或两侧，以保证室内有良好的通风条件。起居室与办公室多做成敞口厅，或用可装卸的扇门、窗，以曲折游廊连接各个建筑，使室内外空间既有分隔又有联系，形成完整幽雅的空间环境。如四川成都皇城街清真寺，大殿前庭院两侧是通透的讲堂，讲堂外侧分别布置两个居住院落，这三个院落的空间虽有界定，但隔而不断，互相因借，互为对景，予人庭院深深深几许的遐想。尤以南部阿訇办公的小院，周围环绕曲廊，院内布置山石、种植花树，具有浓郁的园林情趣和诗情画意，极为幽雅舒适。

新疆地区礼拜寺的总体布局受中国传统建筑制度的影响较少，不强求轴线对称，亦不强调重重院落组合，而是开门见山，进入大门即可望见礼拜殿。如喀什奥大西克礼拜寺，是新疆较古老的一座寺院，大门与礼拜殿相对布置，南北两侧环以敞廊；虽然占地较规整，但大门与圣龛亦不在一条轴线上。喀什艾迪卡尔礼拜寺的布局更自由活泼，大门在东南隅，大门、大殿及庭院均为不对称形制。而一些小型礼拜寺的布局更是不拘一格，因地制宜，布局灵活多变。

2. 单体建筑平面及室内空间处理

中国古代建筑中的诸单体建筑平面布置大多数都比较简单，功能也较单一，当然也有一些规模宏大的。但从总体上说，单体建筑平面简明，群体组合复杂多变，是中国古代建筑的主流。伊斯兰教建筑作为一种外来文化，不仅在教义上，而且在建筑制度上，都必须与中国传统文化和传统建筑相结合，才有其旺盛的生命力，才能在这块土地上发展播

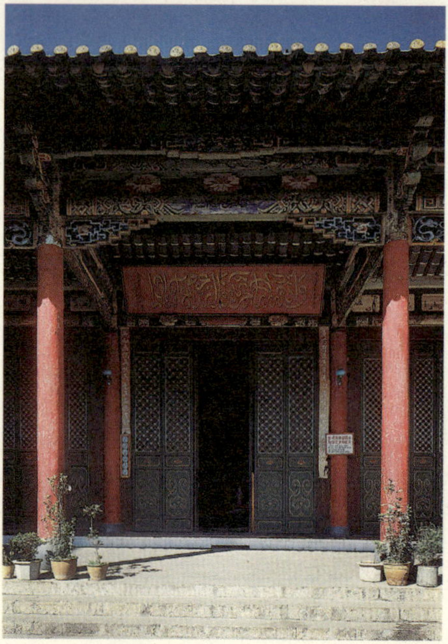

昆明正义路清真寺礼拜殿

云南是回族人民聚居较多的省区，大多数州县均有清真寺建筑。正义路清真寺是昆明最古老的寺，布局十分严谨，梁枋彩画用五彩遍装手法，加上红绿对比的柱与扇门，形成色彩缤纷的效果，令人赏心悦目。

延，这也是文化传播的一项基本原则。中国伊斯兰教建筑，既有阿拉伯伊斯兰教建筑的影响，也有明显的中国传统建筑特征，其单体建筑的形制、构造做法、装修装饰，随着时间的推移，所受传统建筑的影响也愈来愈多。其中以单座殿堂表现得最为突出。每座清真寺的礼拜殿的形成，都有其历史发展的过程，并非一蹴而就的，始建时的规模大都比较小，随着附近教民的增加，规模亦不断扩大。扩建方式与其他宗教建筑另外辟地单建或落架扩建不同，而是在原来大殿的基础上，或纵深或横向接建新的殿堂，与原有建筑有机地结合在一起，形成规模宏大、形体复杂的殿堂。礼拜殿的不断续建就成为伊斯兰教建筑的突出特点之一。几乎所有著名大寺的礼拜殿都有一部不断扩建的历史，如山东济宁西大寺，据寺内石碑记载，大殿的前殿五间建于清顺治十三年(公元1656年)，康熙二十年(公元1681年)因不敷使用而加建中殿七间，后因商业繁盛、人口激增，在乾隆十年(公元1745年)又添建后殿五间，形成十字形纵深平面，一直保持至今。又如宁夏同心韦州清真寺，始建于元末，当时大殿为二脊一卷式，明代又增建一脊一卷，成为三脊二卷勾连搭式的屋顶组合，其后于清光绪二十二年(公元1896年)再次扩建。

礼拜殿的扩建并无明确的规定和较固定的制度，主要视教民之多少，以及集资的情况而定。扩建的方向是朝纵深接建，或是横向延展，完全取决于大殿基址的具体情况进行规划设计，而中国传统建筑木构架体系也为这种平面延展、空间组合和灵活分隔提供了可能性和自由度。绝大多数清真寺大殿都是沿主轴线，即东西向扩建，接建前殿或后殿，成为勾连搭屋顶；也有因地形限制，只能朝横向发展，如河北宣化清真寺，是在五间大殿的两侧各加建四间殿堂，内部空间连在一起，形成通面阔十三间的形式。正因为大殿的规模是经历多次扩建而成，突破中国传统单体建筑平面、开间、进深及间架等的限制，形成大殿平面变化多端的组合，更丰富了传统建筑的平面组织和立面造型处理。礼拜殿的平面比较普遍采用的形式有纵长形、横长方形、凸字形、丁字形、十字形、工字形，其他还有六角形、亚字形、山字形或更复杂的平面组合。而且在每一种形式中，屋顶组合及造型亦不相同，千变万化，精彩纷呈，在其他类型建筑中非常罕见。

规模宏大的殿堂内部，如果不加以处理，势必造成单调

济南清真南大寺礼拜殿

济南伊斯兰教建筑以南、北清真大寺最著名。其中南寺建于明弘治八年(公元1495年)，清同治十三年(公元1874年)重修。平面呈纵长形的大殿置于高台之上，更加雄伟壮观。

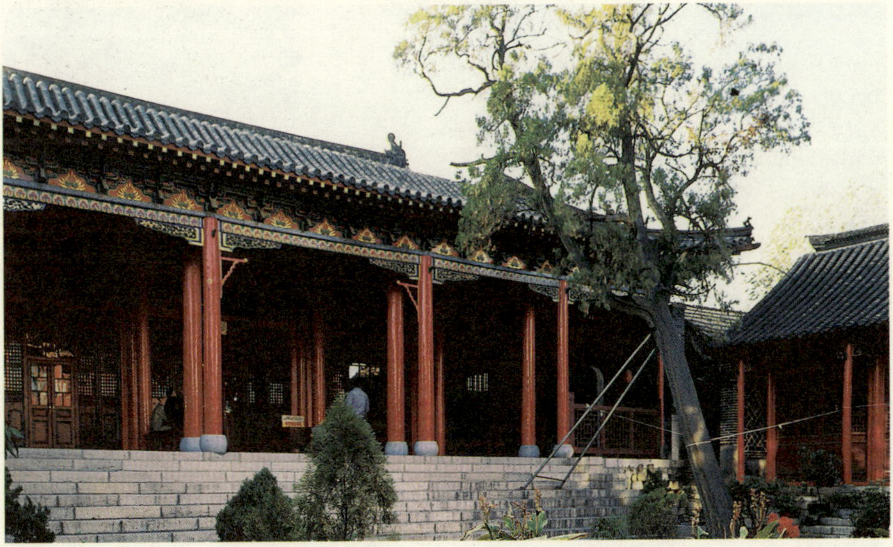

伊斯兰教建筑的砖雕艺术

伊斯兰教建筑非常重视运用各种雕刻装饰建筑。砖雕常见于影壁、廊墙、须弥座、牌坊等处，题材广泛，构图精美且线条流畅。上图为阆中巴巴寺二门之砖雕，庄重古朴中又不失其玲珑和谐的典雅之感；左下图为青海湟中洪水泉清真寺大殿廊墙砖雕，须弥座上的画框内为四季花卉，精丽传神；右下图为南京净觉寺牌坊砖雕，对比中见和谐，朴素中显清秀。

乏味或杂乱无章的感觉，所以各清真寺都非常专注地运用多种手段划分内部空间，既要保持大殿内部空间的完整统一，又要使各部分功能组成有一定的界定，形成庄严神圣而又富于变化的空间形象，为教民提供虔诚朝拜和潜心内省的空间环境。空间划分主要采用透空灵活的隔断来界定不同的功能组成，首先是将后窑殿部分划出，不论有无后窑殿之设，大都给以界定，以标志其至尊的宗教功能。有后窑殿的寺院，多在大殿及后窑殿间用券门、屏门、花罩等分隔，如北京牛街礼拜寺大殿，面阔五间，而后窑殿仅一间，在后窑殿前布置三个五瓣式的欢门，满绘红地贴金转枝莲，将空间分为前后两部分。河南郑州清真寺则用花罩分隔内外，由于后窑殿高起，上部侧面开窗，使后窑殿内异常明亮，自光线暗弱的大殿望去，花罩纹样玲珑剔透，黑白分明，形成两部分空间的明暗对比，从而获得空间的渗透效果。某些有砖砌后窑殿的寺院，殿内多以券门作为联系空间的过渡形式。无后窑殿的清真寺则常在大殿内用木制透空隔断或栏杆，将圣龛前限定一个空间，以区分两部分空间。

由于大殿多呈纵深形制，故殿内多以各种透空的门罩将大殿分成前、后殿，虽有形式上的分隔，实际上却又联系在一起，使大殿内部空间具有方向的诱导性和透视感，层层深入，产生空间流动的效果。如天津南大寺，大殿面阔九间，进深十二间，内用九个砖砌券门将大殿分为前后两部分，在前殿后金柱分位又装设一排细巧透空的挂落，造成另一种空间层次。

伊斯兰教寺院的礼拜殿虽无具形的神像，但在空间构图上也必须有一个视觉中心。所有的空间处理和装饰手法都是为了突出这个重点展开的，作为朝拜方向标志的圣龛，自然

乌鲁木齐陕西大寺后窑殿藻井

八角形顶的后窑殿，以三层垂莲柱式的八方藻井装饰天花，根根垂莲自天棚垂下，仿佛昏暗的天空中密布的繁星。

喀什艾迪卡尔礼拜寺礼拜大殿 / 左

大殿为密肋式梁柱构架，平屋顶，殿内有140根八角形木柱，柱头不加雕琢，造型细长，油漆绿或蓝色。

湟中洪水泉清真寺礼拜大殿内透空门罩 / 右

门罩构件上布满各种雕镂精致的木雕，不用油彩，保持黄褐色木面本色，纯朴圣洁中显秀巧高贵。

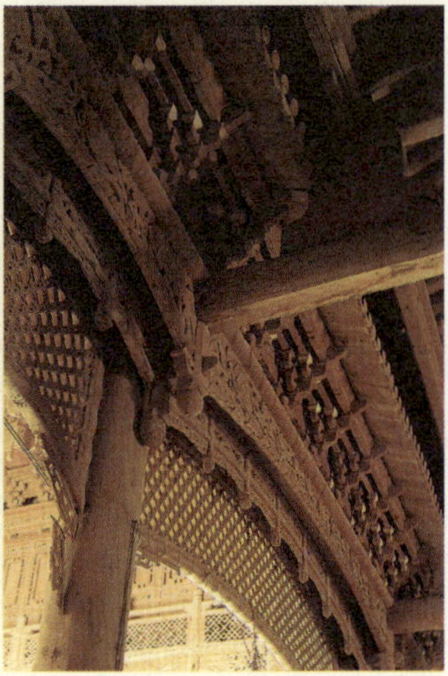

就成为人们视线的焦点，并采用各种方式对后窑殿的空间形象进行重点式的艺术加工。早期寺院的后窑殿多仿效阿拉伯的伊斯兰教建筑做法，使用穹窿顶并高于大殿之上，构成空间向上的姿态，成为大殿内部空间序列的终结。浙江杭州真教寺、河北定县清真寺，均为此一做法。明代以后建造的清真寺，后窑殿多改为木构架，做成楼阁式或在上部加建楼亭式建筑，内部空间处理则以抹角梁层层叠加，形成状如穹窿顶的形式。楼亭上部开窗，使后窑殿内远比大殿明亮，自然将人们的视线引向圣龛，同时体现向往光明的宗教哲理，从河北泊镇清真寺、青海湟中洪水泉清真寺中，均可得到基本上的反映。

新疆地区的礼拜大殿，在南疆一带均采用内、外殿制度。外殿为开敞式，布列层层廊柱，开间数量亦不受奇偶数之限，如喀什艾迪卡尔礼拜寺，外殿达38间，进深四间，连同内殿共152间，规模如此宏大，不仅是国内仅有，在世界伊斯兰教建筑中亦属少见。内殿比较封闭，是为冬天教民礼拜之用，或以外殿相绕，或位在外殿之后。内、外殿也不强调对称，往往用对比手法进行空间处理，一般外殿使用的季节长，建得高大宽敞，柱式、梁柱及天花装饰华丽，内殿则相对地较低矮、封闭、朴素无华。也有些大寺，在内殿圣龛上部做成穹窿顶，室内空间高出其他部分，使圣龛成为人们视线集中的焦点。吐鲁番地区因气候影响，普遍采用上下殿制度，值得注意的是吐鲁番苏公塔礼拜寺，是将礼拜殿、后窑殿、讲堂及住宅集中布置在面阔九间、进深十一间的一座建筑内，高大雄浑的宣礼塔屹立于一隅，形成特殊的平面布局，空间处理也独具匠心。

3. 灵活多变的构架体系

木构架的梁柱系统是中国古代建筑的主要承重体系，在很早以前就形成了一整套的成熟经验和构造做法，在不断发展演化的过程中一脉相传、日益完善。不论是抬梁式或穿斗式构架，其结构中的承重构件都有自己完整的体系，无论哪一种构架均不受墙体的影响，墙体仅作围护结构及分割内部空间使用，故有“墙倒屋不塌”之说。这种结构的构架体系以其善于应变见长，能够满足各类建筑的适用功能，不论是宫殿与寺庙，还是民居与园林建筑，皆可视使用要求做出合理布局，并可适应分期建造或不断扩建的需要。构架体系的独立性、完整性和灵活性即中国古代建筑最突出的特点之

西安华觉巷清真寺礼拜殿

由前卷棚、大殿及后窑殿组成。卷棚原为进殿前的脱鞋处，亦可作为大殿的延伸和补充。大殿面阔七间，檐下每间有斗两朵，屋檐挑出较深远。粗壮的柱身上悬挂阿拉伯文长联，蓝地金字，衬托出大殿的典雅庄重。

湟中洪水泉清真寺礼拜大殿

大殿为面阔五间带八字墙式，殿前有宏阔的平台，并以加宽的前廊代替卷棚。大殿的额枋、随枋及穿插枋上均布满各式精美木雕，其上四方相等的斗犹如一簇簇花朵，极富装饰性。

一。中国伊斯兰教建筑，特别是清真寺的礼拜殿依据宗教教义所确立的功能和随着教民的增加而不断扩建的需求，形成复杂的平面和构架组合，将中国传统木构架体系的优越性发挥得淋漓尽致，并且达到很高的水准。

由于清真寺礼拜大殿大多是不断扩建而成，大殿本身又是由卷棚、礼拜殿及后窑殿三部分组成，基于不同的功能，扩建时大多不能恰如其分地依原有建筑规模等倍的增加，加上受原有建筑地形条件的制约，形成扩建中极为复杂的情况，为扩建部分的平面布局和大木构架提出了不同的要求，并采用各式各样的手法进行组合处理。标准化、装配化的木构架体系本身就包含着构架组合的灵活性、节奏与韵律感，其结构内在的几何规律并未制约建筑造型的多样化，使各清真寺大殿的立面造型及室内空间变化无穷，增加建筑艺术的感染力。其具体构架的组合手法有：(1)采用相同的柱网布局，向前后延展，相同构架的重复使用是清真寺大殿的常用手法，列柱可以是等高的，也可以有一定高差。(2)在礼拜殿与后窑殿间，或前卷棚与礼拜殿间，加入穿堂、暖廊等将前、后殿堂连接成一个整体，形成工字形平面。前、后殿堂构架可以相同，亦可不同，构架组合比较自由灵活。(3)在砖砌后窑殿与木构殿堂间，插入一段狭窄的过渡空间。屋顶用低矮的平屋顶或卷棚顶，使前、后殿堂的柱网布局和屋顶造型相对独立，便于屋面排水。(4)用不同的柱高和层数，形成有主有从、高低错落的构架组合。

此外，清真寺大殿内不供奉任何神像，宏阔的殿堂内若列柱林立，势必有碍观瞻。为了获得神圣肃穆、轩敞完整的室内空间形象，大殿的柱网布局多运用不同的减柱、移柱做法。尤以西北诸省较为普遍，或加大梁架跨度，减一排或二排内柱；或使明间部分更加宽敞，将金柱向左右推移，采用横向的大内额来承托上部梁架。在梁架上原有柱头的分位，运用垂花柱予以装点美化，为露明构架增添光彩。如甘肃兰州桥门街清真寺，即充分展现减柱、移柱的做法，大殿前卷棚面阔三间，进深三间，为重檐带斗形制；为了突出明间的入口功能，两侧的檐柱向左右推移，使明间开间达10米，形成明间与次间为五比一的开间比例，雄伟壮丽，气势非凡。礼拜殿面阔、进深均五间，约呈方形，内部按通常做法至少有两列八根金柱，为使殿内开敞，省去四根金柱，并将金柱向两侧推移至次间的中间，用两根粗大的内额横贯殿堂，于屋架分位立短柱，承托上部屋顶构架。殿内构架露明，更显得室内空间高大空旷。甘肃临夏大华清真寺、宁夏同心清真大寺等均为类似的减柱、移柱做法。

内地清真寺礼拜殿及邦克楼大多是起脊式带斗栱的建筑。各地的斗栱形制差异较大，华北、东北等地区一般与明、清官式做法相近，华南、西南等地区也与当地的大型寺庙建筑斗栱形制相类。而西北甘、青、宁诸省及云南省的清真寺斗栱有较多的变化：(1)采用变体的如意斗栱，斗栱向前斜出，犹如一团盛开的花朵，极富装饰效果，如宁夏同心清真大寺的大殿及邦克楼的柱头科均用类似五踩斗栱，四角斜出，而平身科亦为五踩，斜出的斗栱均向内抹斜，与柱头科斗栱形成有趣的组合。(2)在同一建筑的各层屋檐置不同形制斗栱，极尽变化之巧，成为建筑的重点装饰构件，如青海湟中洪水泉清真寺的邦克楼即为如是做法。(3)将挑出斗栱的横向构件，施以各种不同的装饰手法，如云南大理老南门清真寺大殿的斗栱，仅有层层向外挑出之翘，无横向栱，但于横向栱的部位做成镂刻古朴的卷草华板，美不胜收。(4) 用四方相等的斗栱，各层出跳或正或斜，其尺寸均一致，青海西宁东大寺的大殿斗栱即属此类。

4. 丰富多彩的屋顶造型

伊斯兰教建筑中在屋顶的处理上赋予极大的专注力，而屋顶组合的多样化，更丰富了建筑的外观。许多实例表明每一座寺院的屋顶处理，都有独到之处，无一雷同，可谓百花齐放。而其丰富和发展传统建筑的屋顶造型和处理手法，大致有如下特点：

(1) 清真寺大殿大多数为几个乃至五、六个屋顶以勾连搭的形式连结在一起，屋顶形式有攒尖、硬山、悬山、歇山、庑殿；并有单檐、重檐、三重檐，以至屋顶上加建楼亭式建筑等做法。组合方式没有定规，有二脊式、一脊一卷式、二脊一卷式及三脊三卷、五脊一卷等任意组合，因而构成相当丰富的立体轮廓线。大多数前卷棚部分安置独立的卷棚顶，也有用大殿的前廊代替者。中部殿堂及后窑殿用起脊式屋顶居多，河南郑州清真寺大殿前部即为独置的卷棚顶。

临夏华寺拱北墓祠

临夏被喻为中国的“麦加”，南关八坊为典型的回民坊镇，这里有12座清真寺分属许多门宦。华寺拱北墓祠平面呈八角形，上为三重檐轿子顶，下为券洞门及六角形窗，整座墓祠遍施雕刻，非常精致。

西安华觉巷清真寺一真亭

华觉巷清真寺是中国传统建筑类型寺院中规模最宏伟的一座，又以第四进院落最为宏阔。院内居中为一真亭，中间为六角形，雨翼为菱形，仿佛展翅翱翔的凤凰，所以又称凤凰亭。此一组合在国内建筑中是极为罕见的形式。

礼拜殿及后窑殿用一至四个起脊式屋顶勾连在一起，而宁夏同心韦州清真寺则以二卷三脊五个屋顶连结在一起，形成一座统一协调而又起伏灵活的大殿建筑。

(2) 以不同的屋顶造型体现大殿三部分的功能。一般前卷棚较低矮，用单檐卷棚顶；中部殿堂规模宏阔，屋顶高大，或单檐或重檐的歇山、庑殿顶；后窑殿的面积虽不大，但其宗教功能最神圣，常以重檐或楼阁式建筑高耸于大殿屋顶之上，形成大殿屋顶自前而后逐步增高的形势，将中国传统建筑中的屋面等级体现在各部分的屋顶之上。宁夏石嘴山清真寺的大殿，前为单檐卷棚顶，中为重檐歇山顶，后窑殿部分则用三个重檐十字脊式楼阁建筑，突兀于大殿之上，层次分明，异常壮观。

(3) 将几个不同形制的屋顶勾连在一起，如果在整体上不加以处理，势必予人不和谐、缺乏总体的完整性之感。清真寺在屋顶组合中，非常注意屋顶彼此间的配合，并施以多种处理手法，使之成为一个整体。有的在大殿周围或两侧加建低矮的围廊，如山东济南清真北大寺，大殿平面呈凸字形，两侧用具有阿拉伯风格的欢门形式的围廊，连结起各个屋顶，形成和谐美观的立面效果，并具有相当的韵律感。有的清真寺大殿将各部分屋顶有机地组合成一个整体，如四川成都鼓楼街清真寺，面阔五间，纵深九间，周绕围廊，前后两部分用三重檐歇山顶，中间以纵长形屋顶连接，形成工字形屋顶造型，状如崇楼高阁，不但突显其巍峨庄重，也是中国传统建筑中在屋顶处理上的佳作。

(4) 后窑殿的美化重点也体现在屋顶上，经常用楼亭式建筑，屋顶形式多采用玲珑秀丽的歇山顶十字脊、攒尖顶等。河南沁阳清真寺的大殿前部屋顶用一卷二脊勾连搭，而砖砌后窑殿的内部则用圆拱顶，外部冠以三座十字脊式顶，中间高，两侧低，均覆以黄、绿琉璃瓦屋面，甚为堂皇华丽。浙江杭州真教寺的后窑殿内部为三个圆拱式建筑并连在一起，外覆三座攒尖顶，中间一个为八角重檐，两侧分别为六角单檐，主次分明，别具风采。

(5) 为了增添宏伟殿堂的建筑艺术感染力和采光通风的需要，许多著名的清真寺大殿遂打破常规，在屋顶上加建各种形式的亭式建筑，也是中国伊斯兰教建筑的显著特点之一。如内蒙古呼和浩特清真大寺，分别在四个勾连搭屋顶上加建五座亭式建筑，有单檐、有重檐，前一卷屋顶有两座亭子分列左右，后三卷在中轴线上各建一座亭子，以中间的一座最高大，与殿前方高耸的邦克楼交相辉映，使整座寺院呈现出重楼叠嶂、飞阁拂云的气势。又如天津南大寺，在屋顶上建八座亭式建筑，在传统建筑中也是惟一的例证。

新疆地区的伊斯兰教建筑多沿用密肋式梁架平屋顶形式，为了突出礼拜殿的宗教艺术功能，许多大型礼拜寺的外殿中部加高，形成高大宏阔的气势。在内殿的后窑殿分位，用半圆形穹窿顶，外部镶砌绿色琉璃型砖，形成高起的空间，显得雄伟壮观。如吐鲁番苏公塔礼拜寺、莎车加满礼拜寺、喀什阿巴伙加玛扎的绿顶礼拜寺等均属此形式。而大多数墓祠则效法麦地那圣墓制度，在主体墓祠上突起高大的穹窿顶，并于壁面及屋顶装饰大量彩色琉璃，具有强烈而醒目的艺术造型，精美绝伦。体现这种做法的著名建筑当属喀什阿巴伙加玛扎、霍城吐虎鲁克帖木儿玛扎及哈密王陵。

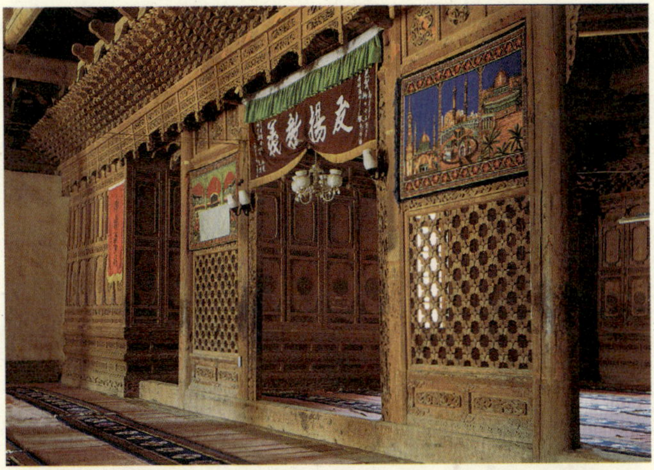

循化清水乡清真寺礼拜大殿隔断

清水乡清真寺由大殿进入后窑殿之间，以类似中国佛道帐式的木雕屏障分隔内外，上部则挑出垂柱华板和密密重重的斗，镂刻细致严谨。这些木雕饰均保持木面本色，更显精雅古朴。

建筑装修与装饰

中国传统建筑装修构件，都有其社会、适用、审美的功能和建筑构造的要求，与木构架体系巧妙地配合，从整体造型到细部处理都力求与建筑的身份合宜，形成和谐统一的整体，而纯装饰性的构件几乎没有。在漫长的实践过程中，形成了独树一帜的传统建筑装饰的艺术风格。中国内地的伊斯兰教建筑，由于诸单体建筑的不同功能，对建筑的装修与装饰也有不同的要求。如礼拜殿、墓祠等建筑，不仅要满足教民朝拜的需要，而且要通过各种装饰手段着意烘托建筑的雄伟华丽、肃穆尊崇等宗教审美意识。而教长的办公室及居住用房，则以适于日常生活起居、创造宁静雅致的良好环境为出发点。由于各地自然条件和地方材料的差异，也使装修的原则和艺术处理手法具有明显的地方特色。如南方气候炎热潮湿，多使用空透的构件，以利通风；而北方寒冷，要求装修适于纳阳保温。

新疆地区的伊斯兰教建筑，多以砖石、土坯墙和木柱、梁枋混合承重，配合这种结构体系，乃创造出许多与内地建筑制度迥异的装饰手法，大量使用多种拼砖图案，镶嵌琉璃面砖和石膏花饰等，形成鲜明的地方风格。

沁阳清真寺讲堂外檐装修

内地清真寺建筑之礼拜殿、讲堂等外檐多用成片的扇门、窗与槛窗。沁阳清真寺紧临大殿前相对布置南、北讲堂各三间，硬山屋顶代前廊。除门、窗着红色外，檐下木装修以木面本色呈现，简洁中不失其素雅大方。

综观中国两大体系的伊斯兰教建筑表明，其装修和装饰有如下特点。(1)大量使用空透的构件，如扇门、窗及各种楣罩等，按功能需求划分室内外空间，使各部分使用空间既有一个形式上的分界，彼此间又隔而不断，互相贯通流动，组成一个统一整体。(2)采用可灵活装卸的装修构件，尤其在南方湿热地区较为普遍，夏季可将扇门、窗完全取下，形成内外通畅的大厅，获得良好的通风条件，免受酷热之苦。于室内又可随意分隔，临时组合不同的空间环境。(3)装饰的题材多以植物花纹、几何花纹来组织图案，很少用人物、动物等具象性纹样，这也是伊斯兰教建筑装饰的突出特点之一，且与宗教信仰中否定偶像崇拜有直接关系，因其教义中界定了建筑装饰的内容和性格。(4)重点的艺术加工。虽然伊斯兰教建筑对装饰和装修特别重视，但也绝不滥施刀斧，装饰的重点多集中于后窑殿圣龛、邦克楼及墓祠等主体建筑和部位。

另外，伊斯兰教建筑中许多构件的细部处理手法亦多彩多姿，如宣谕台、柱础、抱鼓石、栏杆、木石牌楼等也都按构件的外形特点和材质，因势雕琢加工，将艺术构思与材料相结合，创造了许多优美的构图和图案纹样，不仅丰富中国传统建筑的装饰内容，同时也予以发扬光大。

1. 内、外檐装修及圣龛的艺术处理

外檐装修 内地清真寺建筑的外檐处理与中国建筑的宫殿及佛、道寺观建筑相似，对外多用板门，礼拜殿、讲堂及办公室等建筑的外檐多用成片的扇门、窗与槛窗。华北地区的扇门、窗一般沿用官式做法，用双交四、三交六或其变体的菱花窗为主要装饰纹样，也有用锦纹、回纹者，随开间面阔每间安装四至六扇，通面阔十二至三十余扇不等。不仅门、窗的外形相同，而且心纹样大体一致，以取得整片规整的艺术效果。西北各省区也采用类似做法，但其心棂条较密集，纹样多不相同，并喜用局部加木雕饰予以美化。通面阔的纹样有的多达五、六种，既有整齐划一的外形，又有构图不同的纹样，形成统一中有变化的艺术风格。南方诸省伊斯兰教建筑中的扇门、窗轻巧多变， 心更加通透，纹样题材也很广泛，除锦纹外， 常见的还有藤纹、井口纹、万字纹及灯笼框等。清真寺大殿特别注重前檐的艺术处理，因其为教民进殿礼拜的前奏和朝拜功能的延伸，也是大殿正面最突出的部分，装饰多运用楣罩、栏杆、匾联和精丽的木石雕刻，不仅产生室内外空间的过渡作用，且着意烘托大殿的雄

北京牛街礼拜寺圣龛

牛街礼拜寺后窑殿内的圣龛做成牌楼式，上面雕饰精致的门罩，下部为须弥座式的台基，中间则布满饰以沥粉起金线的阿拉伯文字图案，异常精美华丽，是木质彩绘圣龛的上乘精品。

上海松江清真寺圣龛

后窑殿西壁正中的木质圣龛做成佛道帐式，下部以须弥座承托，中心为半圆形龛，并以万字不到头图案及巨幅贴金阿拉伯文经文组成图案装饰，外以阿拉伯文带状图案形成三环相套，呈现其至尊至贵的地位。

伟壮丽。新疆地区的礼拜殿是将檐廊扩大，形成敞口式的外殿，宏伟舒朗，采用雕刻细腻的各种柱式和彩绘，装饰美化建筑。

内檐装修 清真寺礼拜殿规模宏大，运用砖木券门、挂落及花罩等划分内部空间，形成内部纵深的空间序列。大多数清真寺大殿内不施天花，为彻上露明造，这种结构体系不仅是结构的合理表述，而且使人感到建筑造型与结构体系合乎逻辑的内在关系，形成高敞的空间形象。有些重要大寺和墓祠做天花，但天花藻井的装饰题材和纹样构图往往突破传统天花格式，比较随意活泼，以抽象的植物团花组成圆光图案，不用龙、凤、仙鹤等动物纹样。更有像湖北武昌起义后街清真寺的天花，用阿拉伯文字组成图案，别具一格。新疆地区的礼拜殿的内殿和墓祠常用各种形式的拱券，分隔内部空间，中部用高大的圆拱顶，内部除圣龛部分集中使用装饰外，比较素洁雅致。

圣龛的艺术处理 作为朝拜标志的圣龛，是清真寺内最神圣的地方，也是以精美华贵的材料进行重点装扮的部位。每一座寺院的圣龛都有独特的装饰性格，无一雷同，在漫长的发展演化中形成了一定的地方特色。华北、东北广大地区多用精心雕琢的牌楼、垂花门等做成门罩，龛壁装木板，喜用红地贴金等彩绘，形成热烈辉煌色调。如河北定县清真寺圣龛前用斗栱垂莲柱作为门罩，以红地贴金的阿拉伯文字组成中心图案，周围以九个小圆光图案拱围，外部有四层阿拉伯文字组成的带状图案，层层相套，非常华贵艳丽。而东南沿海清真寺圣龛的龛壁遍装木板，彩绘多种几何纹样，中间填写《古兰经》文，形成整体的艺术效果。西北地区圣龛的木板壁多不施彩绘，保持木面本色，以种种木雕花纹取胜。从青海循化清水乡清真寺、湟中洪水泉清真寺反映得最完美。新疆地区的礼拜寺圣龛采用尖拱顶形式，有的用拼砖装饰，有的则以各种彩色石膏花纹装点，十分醒目。

2. 装饰纹样

在建筑装饰中，装饰纹样无疑占有极为重要的地位。伊斯兰教建筑装饰纹样的题材和内容依据教义给予明确的规定，有别于其他宗教建筑，大致上可分为几何纹样、植物纹样和文字纹样三大类。但在实际运用中并不局限于某种形

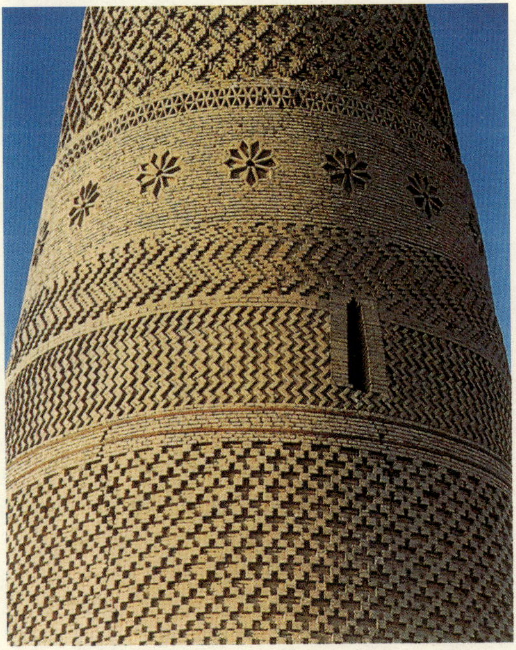

吐鲁番苏公塔礼拜寺邦克楼局部

高达44米的浑圆楼身，全部用型砖镶嵌组成七层宽窄不同的装饰花纹，似锦如绣，精丽奇伟，极富特色。

式，常是以一种花纹为主，辅以多种形式加以组合，形成千姿百态的变化，多得难以数计。许多西方建筑师称伊斯兰教建筑中的装饰纹样为阿拉伯式花纹，其原因是伊斯兰教建筑起源于阿拉伯，继承了阿拉伯地区的建筑装饰传统，具有鲜明的阿拉伯式风格和富丽幻想的宗教气氛，这也是伊斯兰教建筑被称之为幻想建筑的原因之一。伊斯兰教建筑的装饰纹样依其形式可分为平面式、透空式、雕琢式等数种；依其构图又具有抽象性、延展性、连续性和反复性等特点。中国伊斯兰教建筑的装饰纹样，既有世界伊斯兰教建筑装饰的共同性格，又有与中国古代建筑装饰传统相结合的特色，因而形成独特的中国伊斯兰教建筑的装饰风格。

几何纹样 大量采用多角式、格子式、锯齿式和回环式等构图。如新疆地区的木制、石膏透窗和圣龛壁面等部位，大多使用此种纹样。内地伊斯兰教建筑的扇门、窗的心，多用锦纹、回纹等几何纹样。几何花纹的构图常以密集性、连续性来组织整体的图案效果，这种整体式布局可以是无中心，即用同一种四方连续纹样无限延展；也可以是有一个构图中心向四方延伸，具有明显的向心性；更有的用两个或更多的构图中心，形成点面相结合的特点。

植物纹样 以卷草和各种花卉为本，由中心向外扩展，如清真寺天花中的圆光图案及圣龛壁面装饰等。也有的用对称向上的构图，形成明显的中轴线和方向性。而大量的植物纹样多用于花边图案中，以藤状的细柔曲线，由花叶配置，组成同向或逆向的带状构图，或单独作为边框，或层层相套。植物图案的叶、花、茎的纯自然状态很少使用，多经过抽象简化，再加以定型化，其图案疏密有致，匀称流畅。

文字纹样 中国伊斯兰教建筑中将各种书体的阿拉伯文字做成装饰图案，用于悬挂的匾联及圣龛壁面上，这些文字图案多以《古兰经》及《圣训》的某些章句为内容，既点明建筑的性质、宣传了伊斯兰教教义等功能，又丰富了装饰纹样的内容。

在伊斯兰教建筑装饰中，各类纹样或单独使用，或组装

临夏大拱北墓祠外墙砖雕

大拱北的砖雕丰富多彩，不仅表现在墓祠建筑上，其他建筑部位亦有精美杰作。如图所示墓祠局部内圆外方的砖雕，如塑如画的卷草花卉图案，予人美的享受。

拼合，都力求将装饰部位装点得密密层层，形成整片的艺术效果，成为伊斯兰教建筑装饰艺术中的另一个特色。从中亦可看到阿拉伯地区建筑装饰手法的影响。

3. 装饰材料与技法

人们总是以美的原则来规划营造各种建筑，而所有的建筑材料都可以成为美化与装饰建筑的手段。中国伊斯兰教建筑在长期的实践中，创造了适合于各种结构形式和材料的装饰手法，多喜用拼砖、琉璃、彩画、石膏花饰和各种雕刻等手段，装饰各种类型的建筑。

拼砖 用各种型砖拼砌图案，见于新疆的伊斯兰教建筑，用在邦克楼、圣龛墙面、檐口等部位，或用单一图案，或以几种不同纹样互相穿插叠加，组合成片的艺术效果。精美的拼砖图案不仅在于图案的本身组成，而且将艺术构思隐含于精细的施工中。在施工中，经过打磨加工，与细密整齐的灰缝相配合，可获得高质量的图案效果。如吐鲁番苏公塔礼拜寺高达44米的邦克楼，楼身全部用砖拼砌成多种图案，远望犹如织锦，精丽奇伟，极富特色。新疆境内还有一种特制的带几何纹饰的型砖，重复砌筑本身就可组成带状图案，用于檐口处。内地的伊斯兰教建筑是用磨砖对缝的做法，用于影壁壁心、廊墙、八字墙、槛墙及墀头等部位，并与砖雕相结合，做成各种图案。

琉璃 中国烧制琉璃的技术是由阿拉伯地区传入的，于公元4 世纪开始运用于建筑上，且逐渐成为重要建筑屋顶的瓦件，流光溢彩的琉璃瓦件则丰富了建筑的艺术感染力。伊斯兰教建筑大多用灰瓦屋面也有一些著名的清真寺礼拜殿、邦克楼或墓祠采用各色琉璃瓦装饰屋面，如河南沁阳清真寺、陕西西安华觉巷清真寺以及西北许多重要墓祠等皆为琉璃瓦顶。广东、福建等省也常用琉璃透空构件拼砌成透窗，华北、西北诸省则用琉璃花纹砖砌筑影壁、八字墙壁心、岔角等部位。烧制琉璃具有悠久历史的新疆，使用琉璃也最广泛，用各色琉璃型砖镶砌大门、邦克楼楼身、拱顶及檐口等处，以蓝、绿色调居多，也有紫、白、黄等颜色。如喀什玉素甫玛扎的大门、阿巴伙加玛扎墓祠、霍城吐虎鲁克帖木儿玛扎等均是运用琉璃装饰的典范。

彩画 鲜艳华丽的彩画源于对木构件的防腐要求，是中国传统建筑中最具有特色的装饰手段。内地许多著名清真寺也喜用彩画，如北京牛街礼拜寺、西安华觉巷清真寺等，其大殿的外檐使用大量彩画，殿内的彩画则突破传统彩画的限制，不仅用在梁枋、天花上，柱身、后窑殿及圣龛上也遍施彩画，并大量运用贴金。其彩画艺术使人叹为观止，显得极其绚丽多彩。彩画也有地区差别，华北地区多用青绿彩画，西南一带多为五彩遍装，而西北诸省则以蓝绿点金为主导色调。新疆地区彩画多用在天花藻井，其构图和绘制技艺与内地有较大差别，且常与石膏花饰组合使用。

雕刻 伊斯兰教建筑非常重视运用各种雕刻装饰建筑。木雕多用于梁枋端部、斗栱、圣龛及扇门、窗等部位。雕镂的方式则视构件的部位而定，有线刻、平面浮雕及镂空透雕等形式。但新疆地区的木雕多施于柱头、柱身、窗格，有的礼拜寺将整个木柱全施以雕刻，且每根柱子的花纹各异，精

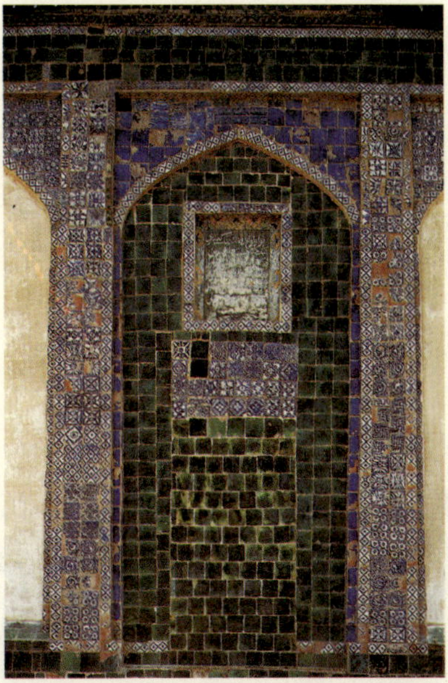

喀什阿巴伙加玛扎墓祠墙面装饰

墓祠墙面以绿色琉璃砖作边框，为突出墓祠的中部，在尖拱形的墙面上除开窗部位外，全部饰以绿、蓝琉璃面砖。

彩纷呈。砖雕常见于影壁、廊墙、须弥座、屋脊等处，尤以西北诸省为多，不乏精美之作；如青海西宁东大寺大殿的廊墙做成屏风状，内雕山水、花卉，是砖雕艺术的精品。石雕多见于牌坊、柱础、栏杆及透窗等处，因加工困难，应用范围不如砖雕广泛，但也创造许多别致有趣的构图；如山东济宁东大寺的云龙石柱、石牌坊，扬州仙鹤寺的抱鼓石，普哈丁墓的栏板，都是石雕中的上乘之作。

石膏花饰 系新疆伊斯兰教建筑中应用最广泛的装饰材料，从纹样构图到雕饰技法都反映出强烈的地方风格。在圣龛的龛心壁面，多以蓝地映衬素白卷草花卉和几何纹样，形成整片的装饰效果，在券面及天花周围也多以石膏做成带状花纹，此外还常用石膏做成镂空的几何纹样，作为漏窗或龛窗的窗心纹饰。这种源于生活实践的装饰艺术，充满了生机蓬勃的活力，更展现出新疆各族人民热爱生活的情趣。

中国古建筑之美

·伊斯兰教建筑·

穆斯林礼拜清真寺

华北

东北

西部地方

华中

塞北地方

图版

伊斯兰教是中国数大宗教中较晚传入中国的宗教信仰，唐代始传入中国，至今约1300年。清真寺(或称礼拜寺)是伊斯兰教中最重要的建筑类型，主要建筑包括大门、二门、邦克楼、望月楼、礼拜殿、后窑殿、讲堂、水房等，依寺院大小或有所增减。内地的清真寺因与本土文化相结合，而深具中国特色：新疆维吾尔族礼拜寺则保持较多阿拉伯风格，建筑形式迥异，但装饰均有浓厚的伊斯兰教特色。本册图版乃按地区分布，依华北、华中、东北、塞北地方以及西部地方等次序，分省介绍著名的清真寺与建筑，除其外观，并介绍室内陈设及其他装修，由布局及装饰之中，了解伊斯兰教的建筑风格。

北京牛街
礼拜寺礼拜大殿
望后窑殿

北京

古都北京城内建有四座著名的清真寺，其中以牛街礼拜寺历史最悠久，也最辉煌绚丽。牛街礼拜寺位于北京市宣武区牛街，建筑古朴宏丽。其中礼拜大殿是全寺的核心，在屋顶处理、室内空间和木装修艺术方面，将中国传统建筑与阿拉伯建筑相融合，取得极佳的协调性与美感。图为自礼拜大殿内望后窑殿，可见礼拜大殿内华丽的装修，红地沥粉起金线装饰的圆柱与后窑殿圣龛蓝地沥粉起金线的图案形成鲜明对比，在视觉上极具美感。

قال الله تعالى ان الله لا يضيع اجر المحسنين

北京牛街礼拜寺礼拜大殿内景

礼拜大殿为五开间的纵长形建筑，殿内柱、梁、枋布满鲜艳的彩画。最具艺术特色的是室内设多层由拱券罩组成的隔断，券体为阿拉伯风格的尖拱，但又类似中国传统的欢门形式。券边饰以阿拉伯文字图案，券身绘制缠枝西番莲，均为红地沥粉贴金。大殿内由于扇门、三重拱券罩及后窑殿前几腿罩的分隔，增加了殿内空间的深邃感与宗教气氛，室内设计上吸取域外宗教艺术特色，与中国传统手法相结合，是十分成功的表现实例。

北京牛街礼拜寺后窑殿圣龛挂落板与天花

北京

牛街礼拜寺相传建于辽统和十四年（公元996年），为传教士那速鲁定奉敕创建，经明英宗、清圣祖两朝两次较大规模的重修及扩建，形成今日礼拜寺的布局与规模。礼拜大殿坐西朝东，由三个勾连搭式屋顶和一座六角攒尖亭式建筑组成，建筑形式对称。后窑殿居礼拜大殿后方，屋顶形式为六角攒尖顶，其内设圣龛。因伊斯兰教不崇拜偶像，因此礼拜殿内不设神像，仅立装饰精丽的圣龛以作信徒朝拜方向的标志。圣龛装饰华丽，后窑殿天花亦饰西番莲图样，并饰阿拉伯文，十分典雅。

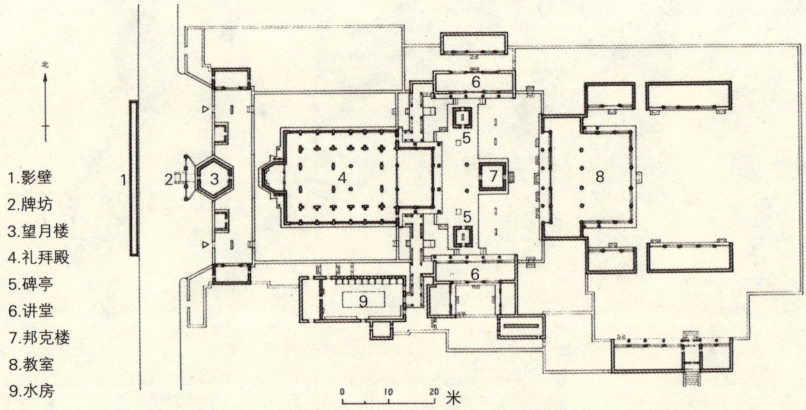

北京牛街礼拜寺平面图

北京牛街礼拜寺邦克楼

北京

牛街礼拜寺寺门位于殿后，是该寺建筑特点，其余建筑沿轴线由西向东布列牌楼门、望月楼、礼拜大殿、邦克楼、对厅等。邦克楼位居礼拜大殿正前方，是一座重檐歇山方亭建筑，其作用是在作礼拜前阿訇登楼向教民相告时间，召唤教民前来作礼拜，因此又称为“宣礼塔”或“唤醒楼”。牛街礼拜寺邦克楼前身为早期修建的尊经阁，传教士来寺传教时，即在阁上储存经卷。邦克楼与望月楼隔礼拜大殿遥相呼应，以其优美的形体和华丽的彩画为礼拜寺及牛街地区增添无限的艺术魅力。

北京东四清真寺礼拜大殿内景

北京

东四清真寺亦为北京四大古寺之一，重建于明英宗正统十二年(公元1447年)，现有礼拜大殿及五间北讲堂仍是明代建筑风格。大殿为传统起脊式与穹窿顶后窑殿相结合，殿内雕梁画栋，全部柱身彩绘红底沥粉贴金缠枝莲图案，极为醒目。迎面的枋板和进入后窑殿的拱门券面饰贴金阿拉伯文字图案，梁枋上满绘色彩斑斓的青绿彩画。整体色调以金红为主，间以蓝、绿，对比鲜明，纹饰题材以植物花卉为主，辅以阿拉伯文字图案，加上地上铺设整齐的红地毯，将殿堂装扮得异常富丽堂皇，表现出伊斯兰教建筑独特的艺术风貌。

天津清真北大寺礼拜大殿前卷棚

天津

礼拜大殿屋顶上起建五座亭式建筑，中间三座形似山字形，此做法可能由阿拉伯式穹窿顶逐渐演化而来，不仅使大殿屋顶组合丰富多彩，亦显示出各部分的功能和地位。前殿居前方，为歇山卷棚顶，为增加大殿的气势，使柱高超过间阔，开间比例呈瘦长形，为改变此种不合传统之形象，在额枋下隔一木雕饰，加一道横枋，枋下用漏空楣子，柱头、枋、雀替等部位绘制具有阿拉伯风格的图样彩画，并悬挂各种匾联，使大殿立面十分宏丽壮观。

天津清真北大寺礼拜大殿

天津

清真北大寺创建于清圣祖康熙年间，总体布局严谨，区划分明，是标准四合院式。在寺的大门及旁门之后置屏门，平时不开，待到重大节日时才开启，这样的布局具有含蓄美，也表明伊斯兰教建筑这一外来文化至清代已完全中国化，不仅在宗教的哲理上吸收融汇华夏传统文化，在建筑布局上也表现出这种本土化的倾向。前殿面阔三开间，殿身两侧加建侧廊，使殿顶犹若重檐。后殿原只有三间，后世在其两侧又加建侧室。

泊镇清真寺邦克楼

河北泊头

泊头市居大运河西岸，原名泊镇，清真寺即位于市内。建成于清圣祖康熙年间，清代中叶以后，曾数度加以修缮。建筑坐西朝东，占地逾11000平方米。正门顶部为歇山顶，两侧设角门及八字形雕花砖墙，分前、中、后三进庭院。图为清真寺邦克楼，外观为重檐四角攒尖式，高两层，上层四面开扇门。在冬日皑皑白雪衬映下，邦克楼昂然矗立，造型完全为汉式，只有在攒尖顶的宝顶上，透露出属于伊斯兰教的痕迹。

泊镇清真寺屏门与邦克楼

河北泊头

泊镇清真寺规模宏大，主要建筑包容在两进院落之中，大门与二门均为三门并列制度，庄重的三开间大门附有旁门带八字墙，气魄十足。殿前的庭院广阔，月台正中置屏门，左右为砖砌矮墙，既界定了台上的活动空间，也增加了空间的变化和趣味。屏门为前后坡式，面向西开门，面向邦克楼的一侧做斗栱，油饰青绿色，檐下置额枋及雀替，均彩绘精致的花朵图案。整体造型精巧与其前方的邦克楼形成极佳的呼应作用。

泊镇清真寺礼拜大殿侧面

河北泊头

纵观泊镇清真寺布局，主体建筑呈一线布置，层层深入，具有中国传统建筑的对称、协调、静穆、美观等特点。图为泊镇清真寺礼拜大殿侧景，左方即为礼拜大殿，右方建筑物为后窑殿。大殿由前、中、后三部分组成，屋顶为卷棚、歇山起脊式的勾连搭。后窑殿呈方形，在屋顶上起六角形攒尖顶的亭子，亭内以枋木叠落成藻井形式，形成向上的动势。这部分的突然高起更增加了后窑殿的重要性，并丰富了大殿的屋顶造型。

泊镇清真寺
礼拜大殿正面全景

河北泊头

礼拜大殿居寺院正中，前方面对屏门，并以砖砌矮墙与中庭的南、北配殿区隔，以突出主要大殿的地位。礼拜大殿规模宏大，俗称九九八十一间，面阔29米，进深55米，面积1595平方米。由屏门进入，即上殿前宽广月台，月台两侧设南、北讲堂。大殿最外作卷棚顶，为礼拜大殿无法容纳过多信徒时，权充礼拜之处。其后有歇山顶建筑，体量很大。在广阔中庭及殿前月台的陪衬下，更显出礼拜大殿的宏伟严谨。

沧州清真寺礼拜殿内宣谕台

河北沧州

沧州清真寺始建于明初，屡经修缮，现存为清初建筑，设有大门、二门、对厅、礼拜殿、南北配殿、义学堂、阿訇住室、浴室(或称水房)。现存礼拜殿为清代建筑，其余则为后来补建而成。礼拜殿由卷棚、前殿、后殿、后窑殿等部分组成，面阔五间，殿内有粗40厘米、高4～8米的朱红漆柱90根，气势宏伟，古朴庄重。殿内的宣谕台是阿訇讲经布道之地，已成为殿内不可少的装饰小品。沧州清真寺与泊镇清真寺齐名，同为河北沿海地区清真大寺之一。

济南清真南大寺礼拜殿内景

山东济南

济南市的伊斯兰教建筑以南、北清真大寺最著名。南大寺建于明弘治八年(公元1495年)，清同治十三年(公元1874年)重修。主要建筑的礼拜殿建于高4.2米的台基上，由卷棚、前殿、后殿三部分组成，面阔五间，进深十间，外观雄伟壮观。大殿平面呈纵长形，内部利用欢门式罩将殿分为前、后，增加殿堂的幽深和层次感。殿内以红色彩饰为主调，门罩上并饰阿拉伯文图样，具有阿拉伯风格，整体表现热烈辉煌。

济宁东大寺礼拜大殿

山东济宁

东大寺紧临运河，现存规模为清朝初年所形成。东部正门面向运河，穿过四重不同形制的门坊，步步深入，才可至大殿。大殿西方沿中轴线布置望月楼及木牌楼门，自大门至大殿建筑造型各异，既有主从关系，又有形制上的变化，气势轩昂壮丽。大殿平面呈十字形，纵深布局，前卷棚面阔五间，礼拜殿面阔七间，殿内为彻上露明造，高大轩敞。后窑殿面阔三间，为突出其神圣地位，周加回廊，高起三层，六角攒尖顶突出于整个大殿之上，与大殿形成丰富多姿的屋顶造型。

郑州清真寺二门

河南郑州

伊斯兰教建筑中强调主体建筑的艺术表现力，寺中一切建筑都要服从、衬托主题。通常礼拜殿多布置在中轴线中后方，前边布置较小的附属建筑，透过体量与形体的对比达到突出礼拜殿的作用。即使规模并非很大的清真寺也要在其前面主轴线上布置一座二门，或邦克楼、花厅之类的对比性建筑。图为郑州清真寺二门，系门与邦克楼结合的形式，重檐歇山顶，高两层，上层设槅扇，饰青绿彩画，装饰古朴典雅。

滿地文章當思運筆是誰
参造化非高遠唯一理在心
礼拜帽

郑州清真寺礼拜殿内景

郑州清真寺相传建于明代，清代重修，寺规模较大，建筑类型齐全。大殿内梁枋彩画为蓝底沥粉贴金，高雅中显华贵，辉煌中见富丽。殿内列柱均饰红漆，有幽远深邃的感觉。最具特色之处是大殿与后窑殿的分界采用花罩，罩上布满透雕花纹，雕刻细致，券边雕饰阿拉伯文。后窑殿空间高起，光线充足，由暗弱的大殿望去，花罩明暗清晰，呈现出精巧剔透的艺术效果，与殿内层层列柱结合，益显出殿内装修的庄重典雅。

郑州清真寺礼拜殿内宣谕台

河南郑州

宣谕台是穆斯林至清真寺作礼拜时，阿訇讲经的地方，多位于后窑殿左方。郑州清真寺礼拜大殿内的宣谕台仿照阿拉伯建筑形式，前为二柱门，上饰贴金阿拉伯文花纹图案，并在两柱上方作成四角亭式。阶梯上的宣谕台作成四柱亭式，正面用卷草花纹组成尖拱门，顶上置半圆形穹顶，刷绿色，构造玲珑堂皇。富丽的宣谕台与顶上梁枋的青绿彩画相映，在视觉上极为突出，是十分杰出的设计。

沁阳清真寺礼拜殿内景

河南沁阳

沁阳清真寺俗称北大寺，寺在市区内自治街，建于明代，清代重修，是河南现存规模最大、保存最好的伊斯兰教建筑。寺坐西朝东，从东向西依次布置大门、过厅及大殿，寺内不设邦克楼。前有大门，面阔三间，单檐歇山顶，覆蓝色琉璃瓦，栱端透雕龙头，重建于清嘉庆年间。后为客庭，建于清初，客庭四隅设四座讲堂，礼拜殿即位于客庭后。礼拜殿分为前卷棚、大殿和后窑殿三部分，图为沁阳清真寺礼拜殿内一景。

沁阳清真寺后窑殿

河南沁阳

沁阳清真寺礼拜殿平面呈窄长形，面阔三间，进深十二间，以槅扇门和三个券洞门成功地将狭长的殿堂分为三个部分，使前卷棚、大殿与后窑殿既有形式上的界定，又有机地组合在一起，空间处理得非常成功。大殿饰绿琉璃瓦顶，檐下施彩画，规模宏大，瑰丽壮观。后窑殿内部则做成砖构穹窿顶结构，以坚固的装修表现其神圣的重要性。图为后窑殿圣龛拱券门，朴实无华，仅在门额装饰阿拉伯文，整座圣龛部分十分简朴，充分表现伊斯兰教重视信仰的虔诚。

沁阳清真寺后窑殿圣龛与宣谕台

河南沁阳

一如多数的清真寺，沁阳清真寺亦将宣谕台设于圣龛前左侧，便于礼拜时教友聆听阿訇讲经。沁阳清真寺后窑殿全为砖构建筑，内部光线暗淡，予人肃穆神秘之感。后窑殿的陈设十分简单，无北京牛街礼拜寺雕饰华美的门罩及须弥座台基，仅饰金字的阿拉伯文纹饰。宣谕台亦设色简朴，为四角亭式，以红色西番莲及卷草图案构成拱券形，顶为穹窿顶，更表现出沁阳清真寺建筑的典丽。

沁阳清真寺大门

河南沁阳

沁阳清真寺大门面阔三门，为单檐歇山顶，顶覆蓝色琉璃瓦。大门对面设照壁，大门两侧带八字墙照壁，形成明显的入口。大门斗栱端部透雕龙头，是清仁宗嘉庆四年(公元1799年)重修之物。大门于明间辟拱券门，门内左、右各立石碑一通。梁枋饰黄、绿彩画及蓝琉璃瓦等装饰，是中国伊斯兰教建筑中少见的。两侧的八字照壁亦为蓝琉璃瓦顶，照壁四角饰蝙蝠图形，取其“福”之意，中心则饰花卉图案，典雅清丽。

沁阳清真寺后窑殿外景

河南沁阳

后窑殿居礼拜殿后方，全为砖结构，中部一间挺拔高耸，内为穹窿顶，其上覆重檐十字脊屋顶，下檐与两侧十字脊屋顶相连，形成和谐美观的屋顶组合。屋顶均饰黄、绿两色琉璃瓦，与礼拜殿形成前低后高的建筑形式，后窑殿突出于整座建筑群之上，高耸华丽，是沁阳清真寺建筑的一大特色。在装饰方面，各面外墙仿木结构雕饰精美的挂落及雀替，各层屋顶脊兽亦各有不同，或作鸱吻，或作兽形，皆生动活泼，是十分精致的艺术品。

太原清真寺礼拜大殿内圣龛及宣谕台

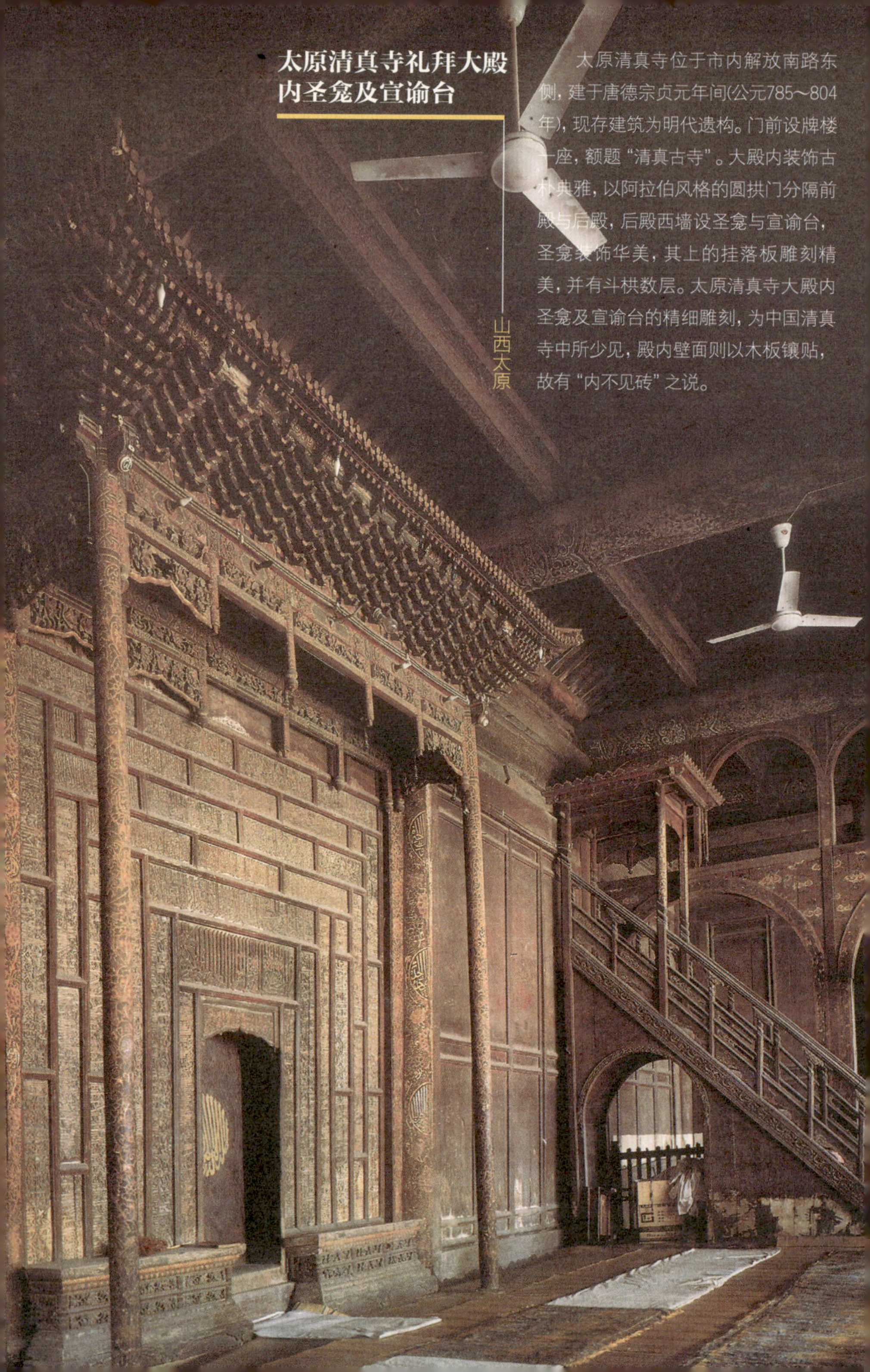

山西太原

太原清真寺位于市内解放南路东侧，建于唐德宗贞元年间(公元785～804年)，现存建筑为明代遗构。门前设牌楼一座，额题“清真古寺”。大殿内装饰古朴典雅，以阿拉伯风格的圆拱门分隔前殿与后殿，后殿西墙设圣龛与宣谕台，圣龛装饰华美，其上的挂落板雕刻精美，并有斗栱数层。太原清真寺大殿内圣龛及宣谕台的精细雕刻，为中国清真寺中所少见，殿内壁面则以木板镶贴，故有“内不见砖”之说。

太原清真寺礼拜大殿内景

山西太原

这座著名清真古寺的主要入口临街向西，经过一段曲折路线方能进入大殿，殿前庭院狭窄，气氛幽深宁静，建筑布置异常紧凑齐全。大殿为砖木混合结构，檐柱砌入墙内，梁、枋、柱等均施彩画，以阿拉伯纹样及卷草团花图案相结合，富有很强的装饰效果。周围木壁上刻有阿拉伯文《古兰经》第二十九、三十本中经文数段，雕刻精细工整。整座大殿的装修以细致取胜，不讲究色彩斑斓，因此予人典雅庄重的感觉，宗教气息浓郁。

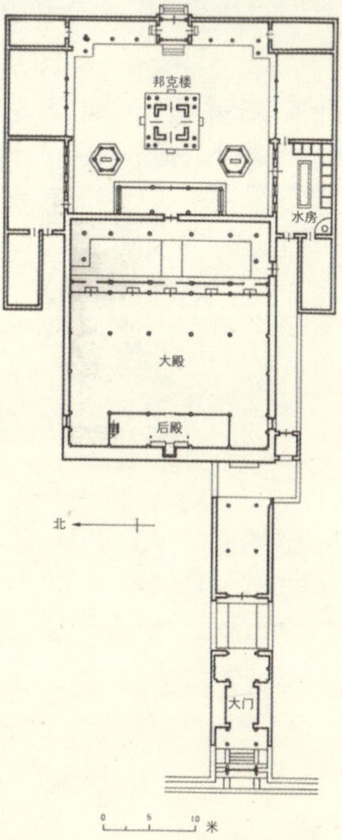

山西太原清真寺平面图

西安华觉巷清真寺木牌楼

陕西西安

华觉巷清真寺是回族礼拜寺的重要例证，也是中国传统建筑类型的清真寺中规模最宏伟的寺院，占地面积逾12000平方米，始建于明太祖洪武二十五年(公元1392年)，现存主要建筑均为明、清两代所建。清真寺坐西朝东，将窄长形的平面分成五进院落。每个院落均有独立的中心建筑，形制各异，形成各自的独特性格，予人不同的艺术感受。三间四柱式的木牌楼位在第一进院落中间，是大门的先导，覆以蓝琉璃瓦顶，檐下斗栱层层叠出，极富韵律感。

西安华觉巷清真寺石牌坊与碑亭

陕西西安

华觉巷清真寺全寺建筑共分五进院落，每进院落皆有构图中心建筑，如第一进院为木牌楼。石牌坊及碑亭为第二进院的主体建筑，石牌坊为明代建筑，为三间四柱三楼式，形式仿木结构，檐下设斗栱。每座额枋均为楷体字匾，中间为通道。石牌坊左、右设碑亭各一座，存放自明代以来的石碑，碑亭亦为砖构，作前后坡屋顶。石牌坊和碑亭均雕满各种植物题材的砖雕，刻工精细，造型生动，这类砖雕在华觉巷清真寺中随处可见，是该寺建筑的特色之一。

西安华觉巷清真寺砖照壁

陕西西安

华觉巷清真寺的建筑群院落主要采障景式布局，即在中轴线上布置一系列的门、牌坊、楼厅(包含省心楼)等，将进入礼拜殿前的整个寺院前院划分为四进空间，使教徒在行进过程中可取得纵深的艺术效果，并在寺中设立数座影壁，增加视觉效果。图为华觉巷清真寺大型砖照壁，以磨砖对缝砌筑，照壁下部的须弥座、壁身边框及菱形图案和檐下斗栱间均饰砖雕卷草花卉，特别是檐下仿木斗栱镂刻精美，是砖照壁中的佳品。

西安华觉巷清真寺配殿槅扇门

陕西西安

华觉巷清真寺中许多建筑均饰有雕刻花纹，或为砖雕，或为木刻，均雕刻细致，十分生动。如礼拜殿后窑殿三间木雕壁面即是其中精品，壁面以压地隐起刻花木壁板装饰，满刻缠枝菊、荷、牡丹团花，每团花式皆不相同，图案自由，分布均匀，是极佳的作品。图为该寺配殿槅扇门，亦为精美的浮雕花卉图案，图形对称，雕刻精细，并饰以红、绿两色，鲜活如生，足见兴建当时工匠的用心。

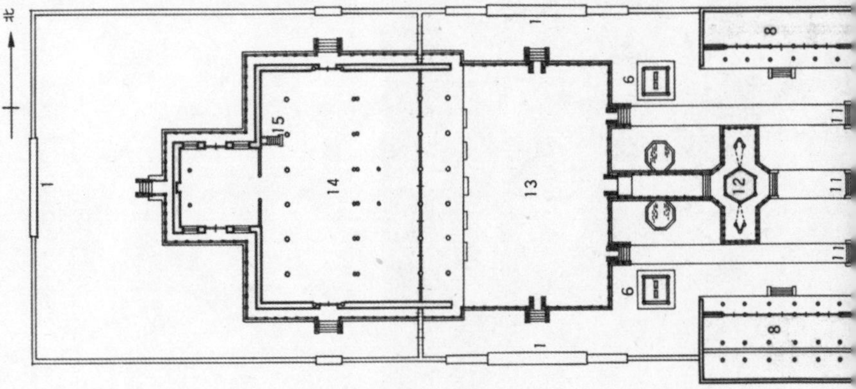

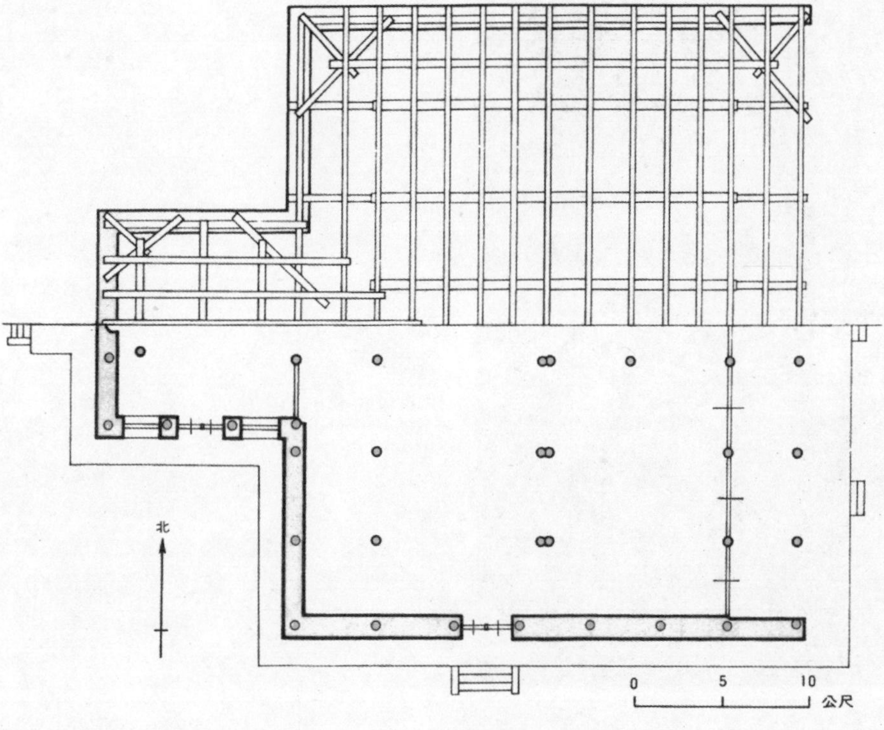

大殿平面图

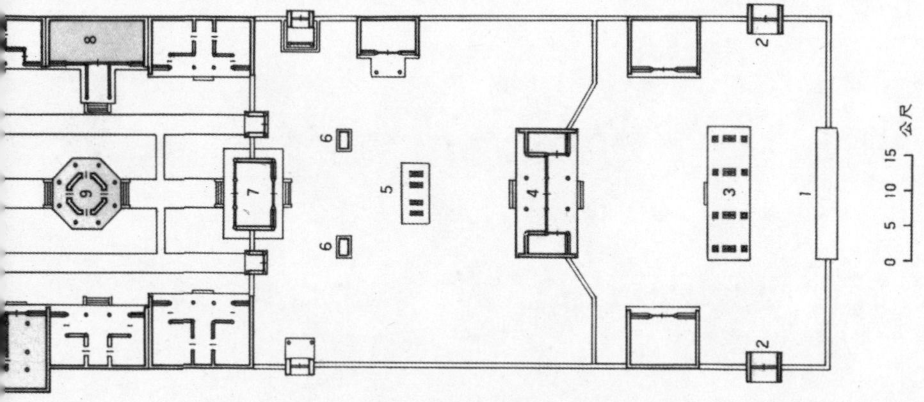

陕西西安华觉巷清真寺平面图

1.照壁 2.大门 3.木牌楼 4.二门 5.石牌坊 6.碑亭 7.三道门 8.讲堂 9.省心楼 10.水房 11.四道门 12.一真亭 13.月台 14.大殿 15.宣谕台

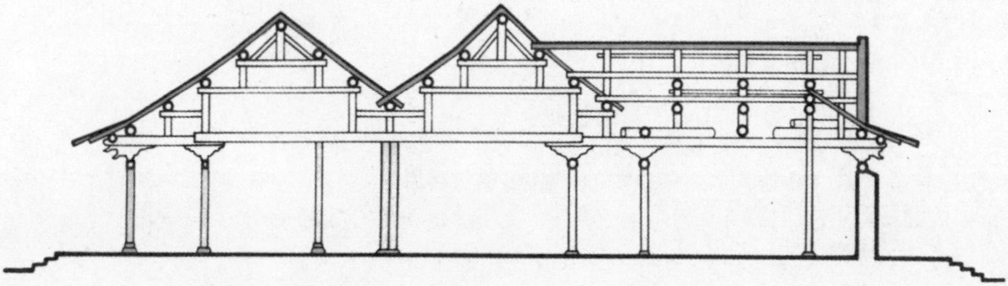

大殿剖面图

西安华觉巷清真寺讲堂

陕西西安

讲堂地处该寺第三进院落，居省心楼左侧，面阔三开间，两翼各辟有一间侧室，以高拱券门与讲堂相通。讲堂为单檐硬山式顶，明间另挑出一座屋顶，高于硬山顶，状似出抱厦。明间开门，次间两间辟直棂格木窗，造型精巧。门、窗花纹雕刻精细，但以精巧取胜，皆为木材本色，益显出讲堂的庄重气息。墀头亦饰砖雕，所雕刻的花卉图案栩栩如生。整座讲堂屋顶错落有致，形成起伏的韵律感。

西安华觉巷清真寺讲堂侧面

陕西西安

由侧面望讲堂，其错落的屋顶更加清晰。明间挑出单檐歇山顶，山花部分狭小，不作装饰，但在各垂脊及正脊上，均以精美的泥塑花卉作为装饰，造型极为精美。歇山顶高出屋面，挑高部分以木柱架高，饰木雕挂落。侧室与讲堂往来间的拱券门另挑出歇山式屋顶，作成随墙门形式，亦饰精美挂落，拱券门楣则以卷草纹样为装饰。侧室亦为单檐硬山顶，进深略浅，亦设木门，与讲堂相呼应，成为一组整体建筑。

同心清真大寺全景

宁夏同心县

清真大寺位于同心县旧城西北角高地上，是宁夏现在最大的清真寺之一，其布局及建筑形制与内地一般木构清真寺无大差异。主要建筑均置于由砖包砌的高台上，大殿居中布置，南北讲堂分列左右。原有大门南向，因战火而毁，仅存遗址及抱鼓石。今之寺门为原寺二门，是三孔砖券门，门上有阿拉伯文雕刻装饰，其顶部即为邦克楼。图右方为二门及邦克楼，前为八字影壁，左方勾连搭式屋顶即为礼拜殿。

同心清真大寺八字形影壁

宁夏同心县

影壁即照壁，在大门或二门前置影壁是较具规模的清真寺常见做法，但像同心清真大寺的影壁则不多见。中部的壁身上部仿作垂花门罩，中心有大幅砖雕“月桂松柏”图案，两侧以文字对联相伴。稍加修饰的须弥座、顶部秀丽的花卉砖雕脊饰，檐下密密层层的砖雕斗栱、门罩上的各种纹样图案都配合得十分得体，疏密有致。两侧影壁为后世添置，较为简素。精丽的八字影壁与邦克楼东西对应，形成寺前广场既严整华美，又富于地方情调的艺术风貌。

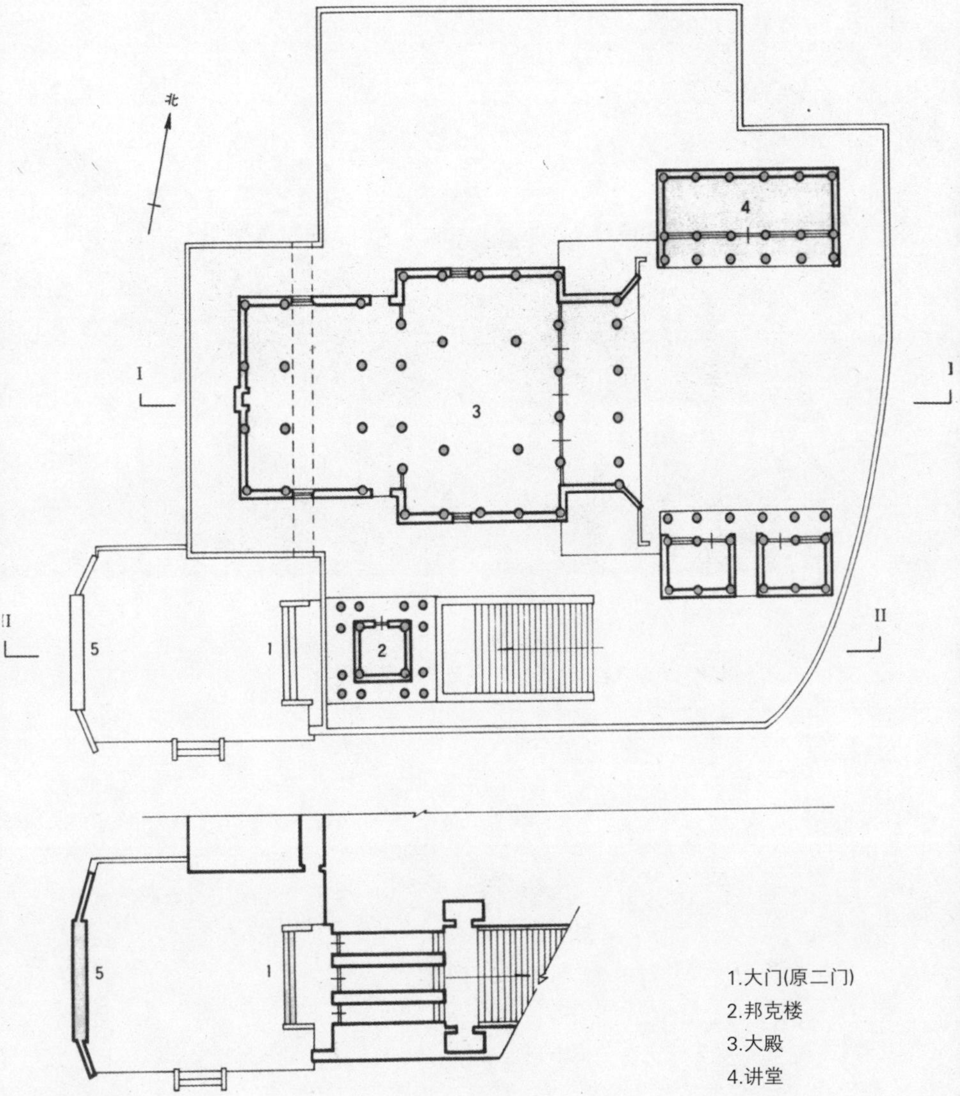

1.大门(原二门)
2.邦克楼
3.大殿
4.讲堂
5.照壁

宁夏同心清真大寺平面图

同心清真大寺礼拜殿卷棚一角

宁夏同心县

同心清真大寺礼拜殿建在一个高约10米的台座上，平面呈十字形，规模宏大。屋顶采用二脊一卷勾连搭形式，殿前两侧有八字墙。前卷棚檐柱间加透雕的木挂落，檐下斗栱是甘、宁、青地区常见的如意斗栱。柱头斗栱五踩四方相等，四角斜出，平身科斗栱亦为五踩，内、外挑出斗栱均向内抹斜，与柱头斗栱形成有趣的组合。所有木作均保持木面本色，不加任何油彩。卷棚翼角起翘，如翚斯飞，造型灵活。

同心清真大寺邦克楼局部

宁夏同心县

邦克楼建于二门上方，为楼阁式建筑，位于礼拜殿右侧。外观为方形、两层、四角攒尖顶，四面空透，省去周围檐柱而仅作成垂柱，自金柱伸出挑枋承托垂柱，其上再置斗栱承受挑出深远的屋檐，柱间花牙子加长，状如挂落，镂刻纹样细腻美观。屋顶四隅起翘较大，整座邦克楼姿态挺拔轻灵，秀丽多姿，是门、楼结合的佳例，将汉族传统的建筑艺术与伊斯兰教建筑艺术融为一体，体现了精湛的建筑技巧。

永宁纳家户清真寺礼拜大殿

宁夏永宁县

纳家户是永宁县回民居住地区，早在元代，回族人民就在此定居。据说这座寺院建于明世宗嘉靖三年(公元1524年)，占地约8000平方米，是传统四合院布局，现仅存大殿及新建的邦克楼、望月楼等。图为纳家户清真寺大殿正面，面阔五开间，设周围廊。檐下彩画一如其他回族清真寺的装饰，以中国传统技艺为底，渗入浓郁的宗教艺术，在大量沿用汉族传统旋子彩画之外，又创制了某些特定的伊斯兰教风格的彩画，并多以青绿色为主，十分典丽。

永宁纳家户清真寺礼拜大殿侧景

宁夏永宁县

一般规模较大的清真寺礼拜殿，多推演出各种复杂的屋顶形式，以避免出现过高而沉闷的大屋顶形式。通常则采取小屋顶勾连搭在一起的方式，或在大屋顶上承托华丽的小屋顶，勾连搭屋顶数量不等，从两进一直到五进都有。永宁纳家户清真寺礼拜大殿采用前者，屋顶为四个悬山、三个卷棚相间布置的勾连搭带周围廊形式，高低起伏，颇具韵律美。廊檐下的彩画多彩多姿，富有生机盎然的自然美与艺术美。

临夏大拱北大门

甘肃临夏

临夏被誉为中国的“麦加”，南关八坊为典型的回民坊镇，此地有十二座清真寺，分属许多门宦。祁静一是大拱北门宦的创始人，临夏大拱北即为其墓祠，位于临夏城西北。图为大拱北大门，外观为单檐歇山顶，但翼角向外伸出，状似飞翼，脊饰龙首，造型活泼。檐下饰如意斗栱，极具变化性，彩画及装饰非常明快、清新，充满强烈生活气息，而无佛、道建筑装饰所表现出的神秘与怪诞。大门两侧带八字形影壁，雕饰精美。

临夏大拱北墓祠与前厅

甘肃临夏

临夏大拱北门宦的创始人祁静一于清圣祖康熙十三年(公元1674年)遵师命“离家静修”，奉行“出则箪食瓢饮，屡空晏如，入则辟谷绝粒，慎独静修”，后于陕西、甘肃、四川等地传教。康熙五十八年(公元1719年)殁于陕西西乡县，信徒将其遗骨迁至临夏城西北。图为大拱北墓祠与前厅，翼角高昂，其下挂落做成尖拱形，雕刻精致的木刻花卉及卷草纹饰，梁枋头亦作雕饰。左侧尖拱门可通墓祠，后方高耸的建筑即为大拱北墓祠。

复命歸真

临夏大拱北墓祠

甘肃临夏

临夏大拱北墓祠建于清圣祖康熙五十九年(公元1720年)，初期墓祠规模较小，后世信徒逐步增建，始具规模，占地约80亩。共分五个庭院，由拱北、礼拜殿、客厅、静修室、阿訇住宅、学生宿舍和后花园等建筑组成，构成一个规模恢宏、功能齐全的建筑群。墓祠平面为八角形(俗称八卦亭)，为攒尖盔形顶式建筑，底层外墙磨砖对缝砌筑，一色青灰色调。上部起三重檐，是阿拉伯式穹窿顶与传统木构架攒尖顶相融合，逐步衍化而成。梁枋、斗栱均为黄褐色，与青灰色墙体的色彩形成对比，异常雍容华贵。

临夏大拱北墓祠外墙砖雕

甘肃临夏

大拱北的砖雕丰富多彩，不仅表现在墓祠建筑上，其他在许多建筑部位也有十分精丽的杰作，如墓祠前的院墙、大门两边的八字墙和照壁等。图为大拱北墓祠外墙砖雕之一，平面为方形，做成博古架形式，逐层雕刻各种器物。或为花瓶，或为香炉，或为盆景，或为笔筒，均栩栩如生。后方墙壁以万字回文为底，为简朴的雕刻增添了多种变化。而在青灰色的砖雕中，衬以黄褐色的书册，使颜色有所变化，不至过于单调，是优秀的设计。

临夏大拱北墓祠之侧门与墙

甘肃临夏

大拱北建筑中随处可见精美的雕饰，即使为通道的尖拱门及其墙壁亦不例外。图为墓祠侧边的门洞与墙壁，券面上雕饰花卉，两侧墙壁则精刻出松、柏、山峦及云气，宛若人间仙境。门上梁枋及斗栱等处，全部用砖雕出，形如木作，门洞左、右下部须弥座束腰满饰各种雕砖卷草花卉纹样，图案丰富，雕镂精细，是不可多得的佳作。这些如塑如画的砖雕予人美的享受，与内地的彩画实不分轩轾。

临夏老王寺邦克楼

甘肃临夏

临夏南关八坊，纵横七八里，市廛罗列，屋宇栉比，是一处典型的回民坊镇，共建有十二座清真寺，俗称八坊十二寺。老王寺是其中著名的大寺之一，始建于明代初年，后毁于战火，今已重新修筑，沿用传统院落式布局。图为老王寺邦克楼，邦克楼即唤醒楼，与大殿东西对峙，平面为六角形，原有建筑为四层楼阁式，近年重修时加建一层，飞檐翘角，造型挺拔。其得体的雕饰、鲜亮的彩画，为老王寺增色生辉。

扬州清真寺礼拜殿南侧

江苏扬州

扬州清真寺俗称仙鹤寺，宋代末年由来华传教的阿拉伯人普哈丁主持创建，为中国最早四大伊斯兰教寺院之一。后经火灾损毁，于明太祖洪武年间重建，之后又曾多次改建修缮。寺门居东，礼拜殿为寺内主要建筑，坐西朝东，面阔五间，单檐硬山顶。南墙辟三门、大殿南侧为讲堂院、南、西各一处讲堂，北依大殿山墙建月亭，两侧有游廊相接，院内种植花树，颇有园林意境，院南则为阿訇住所。

松江清真寺礼拜殿内景

上海松江区

松江清真寺位于上海松江区。寺院始建于元至正年间(公元1341～1368年)，明成祖永乐年间重修并扩建，主体部分仍为原来的结构，有邦克楼、礼拜殿、水房、阿訇住所及后窑殿。寺的布局特点是大殿平面呈工字形，中间以穿堂连接礼拜殿和后窑殿。后窑殿为拱券结构，外覆十字脊屋面，是中国伊斯兰教建筑的早期做法。礼拜殿与穿堂间置类似栏杆罩形式的隔断，透过后窑殿券门可见辉煌富丽的圣龛，空间层次丰富，古朴高雅。

松江清真寺二门

上海松江区

松江清真寺是上海地区最早的一座清真寺，肇建于元末，而其礼拜殿结构为明代厅堂形式，柱础及月梁亦留有明代特征。图为松江清真寺二门，下部作桶状拱券，上部起楼，作重檐十字脊顶，檐下装饰犹如门罩式的砖雕，一色粉墙，色调淡雅清新。整座建筑采用江南地区特有的建筑形式，充满意趣。二门亦为砖构，与后窑殿形制相似，二者遥相呼应。上海松江清真寺二门建筑宏伟，装饰简朴，有大家闺秀之姿。

阆中巴巴寺砖照壁

四川阆中

巴巴寺位于阆中城东盘龙山麓，“巴巴”是简化的阿拉伯语“祖先”之意。其大门为二柱式带八字墙形制，单檐庑殿顶，出檐深远，翼角起翘较大，秀丽柔美。入大门后向左转，迎面即是照壁，为墓祠院前方的装饰建筑。照壁砌筑考究精细，檐下仿木作斗栱纹样，壁心雕饰松、竹图案，周围以卷草图案装饰。檐下及须弥座的各种雕刻纹饰亦均恰到好处，充分显示建筑当时，工匠技艺已达到极佳的水准。

阆中巴巴寺二门

四川阆中

墓祠自成院落，平面布局严谨对称，二门则居墓祠的中轴线上，位于照壁和木牌楼之间。巴巴寺中诸单体建筑均大量运用砖雕，尤以墓祠、二门及照壁应用最高集中，雕饰亦称精美。祁静一等主持修建拱北时，将西北地区伊斯兰教建筑大量使用砖雕的优良传统带至阆中。二门砖雕是其中精品之一，在门洞券面、檐下满布各种题材而刻工精雅的砖雕，予人庄重且玲珑秀美、古朴又和谐典雅之感。

阆中巴巴寺木牌楼

四川阆中

优美舒展的三间四柱木牌楼置于二门及墓祠之间，木柱前、后另加夹杆石，以增加其坚实，夹杆石上雕饰浅浮雕图案，清新秀雅。檐下设当地习用的如意斗栱，交织若网花，角科四朵斗栱出四跳，异常繁复，犹如一朵怒放的花。斗栱下为垂柱华板，其上的花草雕刻极为精美，下悬“仰止”额坊。木牌楼位居礼拜殿前方，造型优美，是进入礼拜殿前的先导，因此造型上以玲珑秀巧取胜。

阆中巴巴寺礼拜大殿

四川阆中

巴巴寺是一组具有伊斯兰教特色的古建筑群，清初穆罕默德二十九代孙华哲阿卜董那希来华传教，圣祖康熙二十八年(公元1689年)卒后葬于此。其弟子祁静一等为他建造了规模宏大的拱北，后在其侧建清真寺，即巴巴寺。整个建筑群由墓祠院、礼拜大殿和居住区三部分构成，建筑与环境有机组合，林中有寺，寺中有园，具有浓郁的寺庙园林意境。图为巴巴寺礼拜大殿，上覆重檐盝顶，造型优雅，举折舒缓。

沈阳清真南寺礼拜殿内景

辽宁沈阳

清真南寺是沈阳最著名的清真寺，建于清天聪年间(公元1627～1635年)，后经多次改建、增修。礼拜殿为主要建筑，位于中轴线终点。礼拜殿由两屋顶组成勾连搭形式，前为歇山，后为硬山顶，在两山另加抱厦。后窑殿平面六角形，与望月楼合为一体，高三层，以伊斯兰教的象征新月形装饰结顶。大殿空间处理的独到之处是在其两屋顶的勾连搭处设一道券门，把内部空间分成前、后两部分，券门饰以彩绘卷草纹，前部殿堂明亮雅洁，后窑殿光线暗弱，但见彩绘和匾额金光闪耀，渲染出殿堂的幽暗神秘及丰富的空间层次。

长春清真寺礼拜殿

吉林长春

伊斯兰教自唐代传入中国以来，多盛行于沿海口岸及西部地区，逐渐成为回族及维吾尔族等少数民族重要的宗教信仰，并广建寺院。东北地区因地处关外，因此接受伊斯兰教较晚，伊斯兰教建筑亦兴建较晚。长春清真寺是东北著名清真寺之一，其风格融合汉、满建筑特色，形成独特而优美的清真寺。图为长春清真寺礼拜殿，面阔五间，殿外饰高大朱柱，规模宏伟。明间开门，左、右槅扇，建筑典丽。

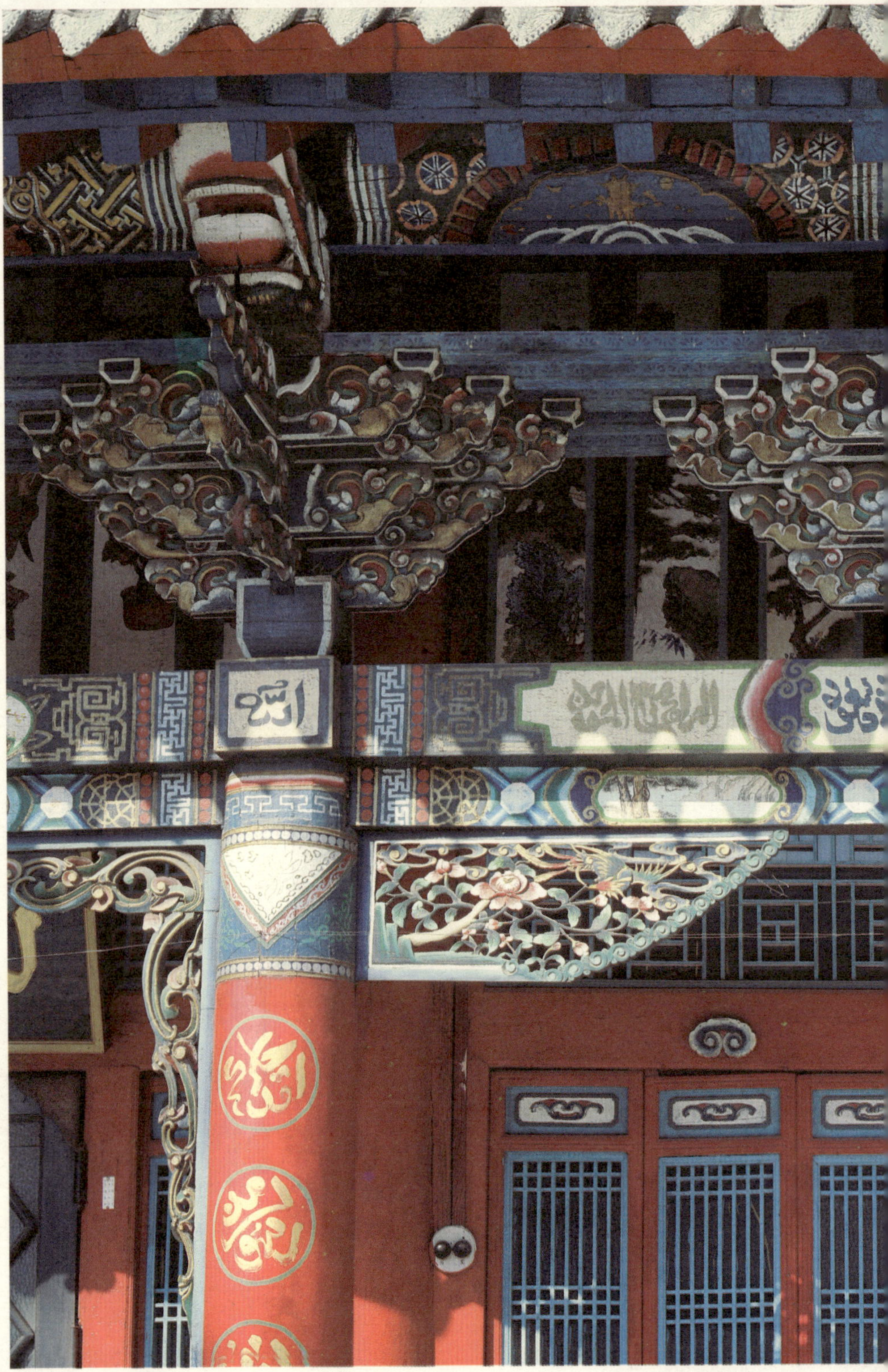

长春清真寺礼拜殿外檐局部

吉林长春

长春清真寺礼拜殿规模宏伟，檐柱粗壮有力，当心间额枋下装木刻卷草挂落，次梢间则为镂空雀替。一般而言，伊斯兰教装饰图案中多使用几何纹、植物纹及文字图案为主，长春清真寺礼拜殿外檐雀替则使用花、鸟图案，是其中较为特殊的做法。外檐梁枋以阿拉伯文及水墨画作为装饰重点，内容清新自然。檐下施五踩变体斗栱，在栱上雕出各种卷草纹样，缀以彩画，将礼拜殿装点得格外华美醒目。

呼和浩特清真寺礼拜大殿

内蒙古呼和浩特

呼和浩特市共建有八座清真寺，其中以图中之清真寺年代最久、规模最大。寺门朝西，面临城市道路，其后为礼拜殿。因穆斯林须朝麦加方向礼拜，因此呼和浩特清真寺礼拜殿后墙正对大门。礼拜殿为五开间的窄长形，由四周勾连搭组成屋顶，充满伊斯兰教建筑风格。屋顶形成五个亭子顶，且形状均有差异，使外观呈现出亭台楼阁、层楼叠起的气势。礼拜殿正面用砖砌筑，山花及壁柱处理反映了民国时期西方建筑的影响。

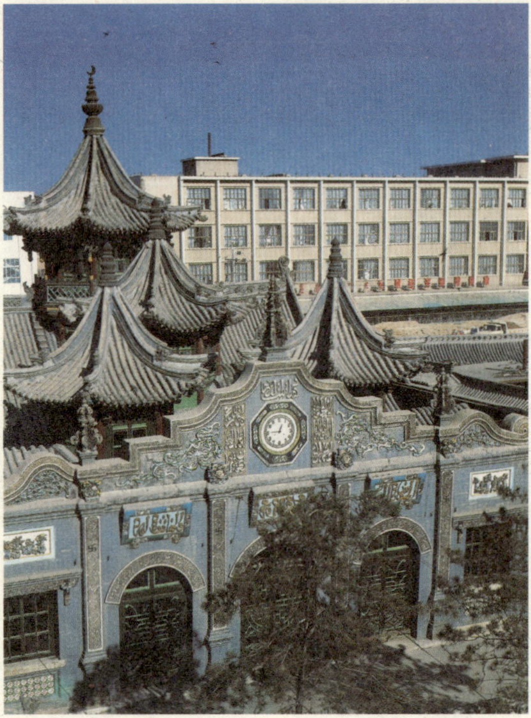

呼和浩特清真寺望月楼

内蒙古呼和浩特

呼和浩特清真寺位于呼和浩特市旧城北门外，清乾隆年间大批回族自新疆迁到此地，始建立此规模宏大的清真寺。主要建筑为礼拜殿，殿前有讲堂、水房等。望月楼居礼拜殿前偏南，造型独特，为后人捐资重修。楼身分四层，六角形结构，三层为砖雕，上部为六角形攒尖顶亭子，沿着楼内的圆形旋转楼梯可登上顶楼亭子。望月楼造型秀美、绮丽典雅，为呼和浩特清真寺凭添无限的活力。

望月楼

西宁东关清真大寺廊墙砖雕

青海西宁

砖、木雕刻在回族清真寺建筑中适用较多，影壁、墀头、须弥座、八字墙、牌坊等部位，均刻饰生动、精美的砖雕。西宁东关清真大寺礼拜殿前卷棚内南、北山墙满饰砖雕，仿照屏风形式，在通长低矮的须弥座上，以线脚划分成两组四扇屏，正中为一宽大条幅，犹如中堂。屏心刻花草、博古之类图案，造型逼真，生趣盎然。须弥座亦分格划界，以卷草及书卷作为装饰重点，与上方的屏风式砖雕融为一体。

西宁东关清真大寺二门

青海西宁

东关清真大寺创建于明太祖洪武年间，历代数经修葺与扩建，规模日臻宏大，居青海地区各清真寺之首，是中国西部地区伊斯兰教的教育中心和最高学府。寺院坐西面东，礼拜大殿为主要建筑，殿前左、右有邦克楼和望月楼，再前为西式大门、二门。二门为近代所新建，中辟五个券洞门，西方建筑风格甚浓。邦克楼及望月楼均为四层建筑，下部三层砖砌，上层为六角亭式，是中、西建筑相结合的产物，极为雄伟。

西寧市東關清真大寺

循化清水乡清真寺后窑殿内景

青海循化县

循化是撒拉族的集居地之一，每个村镇都建有清真寺，总体布局与内地其他寺院大体相同。礼拜殿为寺院中主体建筑，规模宏伟，后窑殿居礼拜殿后方。后窑殿的西壁正中设圣龛，全部壁面皆用犹如扇窗式的木雕镶刻，下有通长的木雕须弥座，上部则挑出垂柱华板和密密重重的斗栱。圣龛左、右饰满缀回纹的壁毯，左侧为宣谕台。室内木雕均保持木面本色，更显得精雅古朴，进入后窑殿，如入木雕艺术之宫，令人赞叹不已。

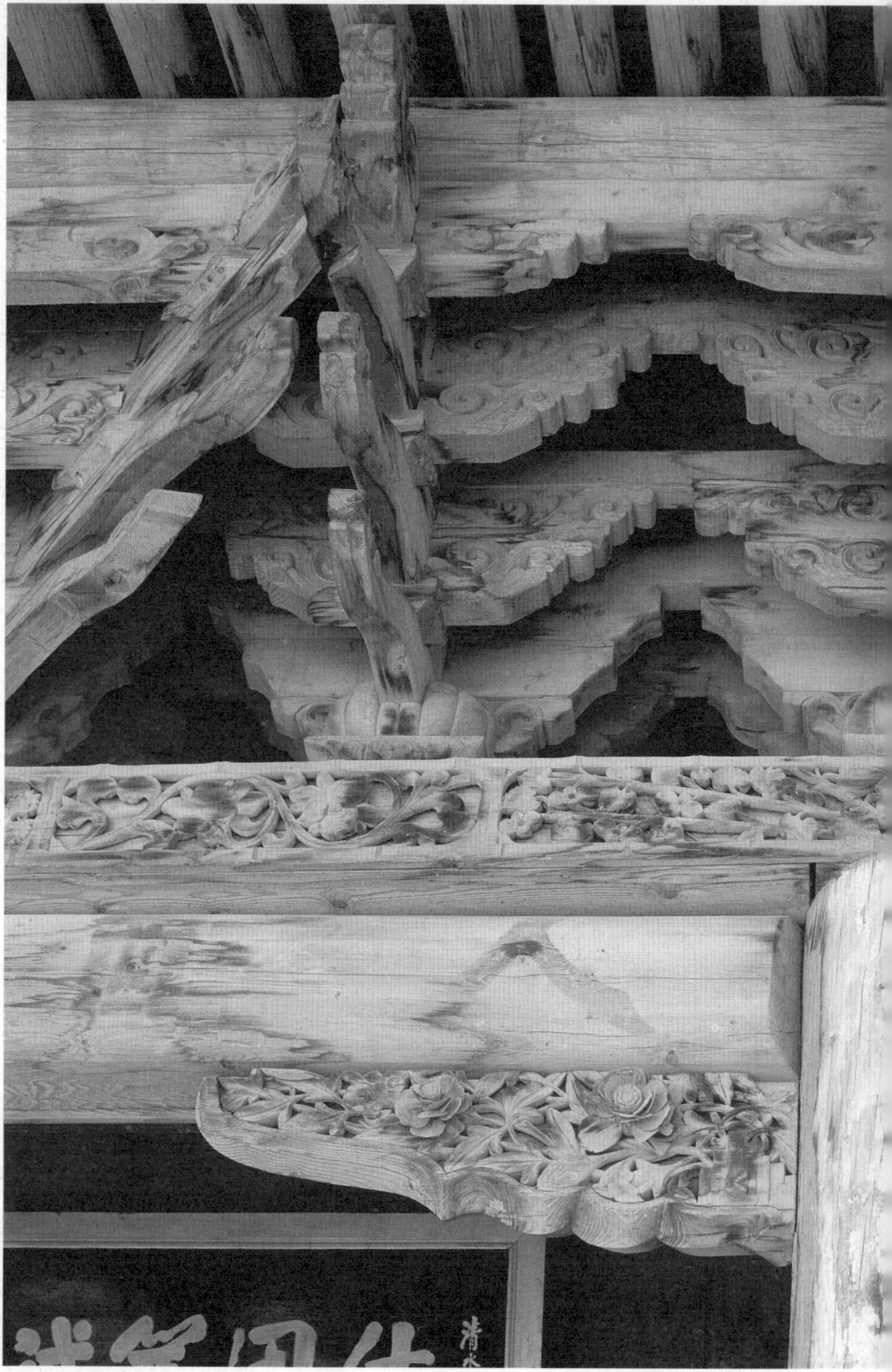
清

循化清水乡清真寺礼拜大殿外檐柱头斗栱

青海循化县

清水乡清真寺相传建自明代，是青海最古老的寺院之一。德宗光绪二十一年(公元1895年)撒拉族反清起义失败后，循化境内只剩下五座清真寺，清水乡清真寺即为其中之一，至今基本保存完整。图为礼拜大殿外檐柱头斗栱，斗栱出跳三层，且不饰油彩，真实呈现木材原色。斗栱上雕饰精美的卷草图样，梁枋下亦饰通长的卷草及花卉图案。柱间雀替雕刻华美，以花草为主要装饰纹样，整体构图朴实典雅，雕刻细致，是极佳作品。

循化清水乡清真寺邦克楼

青海循化县

邦克楼位于清水乡清真寺大门侧边，大门开三门，上砌实心拱券。邦克楼为三层砖、木混合式建筑，平面为六角形，最下层为砖构，外饰精美的砖雕及仿木作砖斗栱。二、三层为木构建筑，环以雕刻精美的栏杆，雕饰花草图案，上饰如意头斗栱，补间铺作一朵，装饰性强，作成精美的卷草样式。第三层上接六角攒尖式屋顶，垂脊弧度优美，整体造型精巧，为整座清真寺增加若干变化的美感。

循化苏知清真寺礼拜大殿前檐柱头斗栱

青海循化县

循化市内的清真寺中大量使用各种木雕，且多不饰彩画，以原木色彩呈现，充满朴实的感觉。苏知清真寺礼拜大殿前檐斗栱作如意头式，形式变化多端，斗栱本身造型单纯，惟以外形上的变化取得不同效果。檐下梁枋的精细雕刻与斗栱的朴实无华形成强烈对比，也增添许多装饰效果，梁枋雕饰花草、书卷等图案，下层并有波浪形纹饰，十分精美。圆形的木柱不事雕刻，以充分呼应斗栱的纯美。

湟中洪水泉清真寺后窑殿藻井

青海湟中县

洪水泉清真寺建于山地上，以大殿前的台阶将寺院分为前、后两部分，殿前有宏阔的平台，以加宽的前廊来代替卷棚。后窑殿居礼拜大殿后，面阔一间，周绕回廊，重檐十字脊，构成高低错落、丰富和谐的屋顶组合。后窑殿内部由上、下两部分组成，上部做成天宫楼阁式，中央藻井用两重极精巧细密的如意斗栱和垂柱华板，拱卫着形如伞骨状的中心井口，构成一幅极美妙的立体画卷。木制雕饰均不施油彩，保持黄褐色木面本色，更觉纯朴圣洁，秀巧高贵。

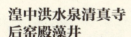

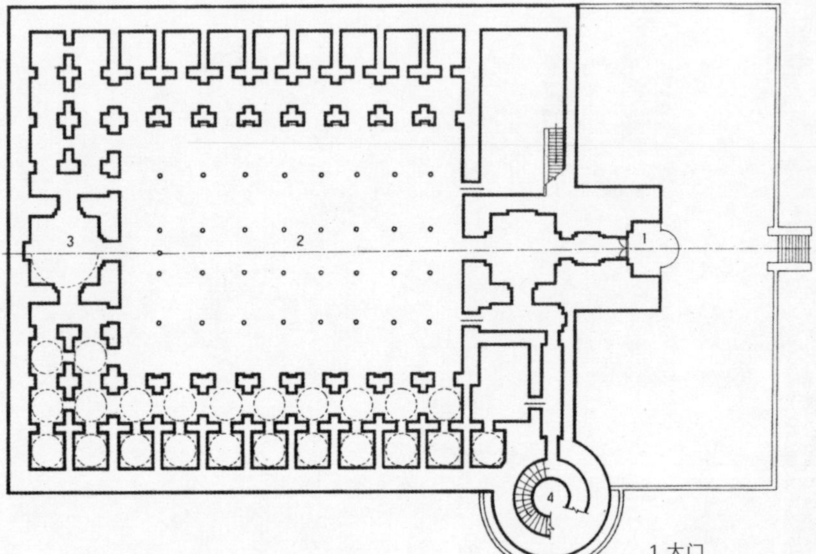

1.大门
2.礼拜殿
3.后窑殿
4.苏公塔

苏公塔礼拜寺平面图

礼拜寺平面呈方形，面阔九间，进深十一间，布局特点是将礼拜殿、后窑殿、邦克楼、讲堂、住宅等均布置在一幢建筑中。入口位于东面，建有高大的门楼，饰以大小不等的尖拱券。进门中间为礼拜殿，往南可至苏公塔。礼拜殿面阔五间，进深九间，上有天窗通风采光。礼拜殿后部的后窑殿设有圣龛，周围有门通向其他各室。

苏公塔通体砖筑，塔身浑圆，收分明显，总高44米，下部直径14米，上部直径2.8米，塔内有螺旋梯可上达塔顶。全塔表面用型砖镶嵌组成7层宽窄不同的装饰花纹。此塔是中国伊斯兰教建筑中最为高大的邦克楼。

吐鲁番苏公塔礼拜寺苏公塔

新疆吐鲁番

苏公塔礼拜寺建于清高宗乾隆四十三年(公元1778年)，是吐鲁番郡王苏来满为纪念其父额敏和卓而建，其高大的邦克楼称为额敏塔或苏公塔，寺因塔而名之。苏公塔与礼拜大殿毗连，塔身浑圆，通体砖筑，收分明显，总高44米，下部直径14米，上部直径2.8米。塔内有螺旋形蹬道，盘旋而上可至塔顶。整个塔身以型砖镶嵌组成七层宽窄不同的装饰花纹，似锦如绣。恰当的比例收分、富于韵律的水平线脚及花饰，予人雄浑秀丽的艺术感受，也为古城增色生辉。

吐鲁番苏公塔礼拜寺外观

新疆吐鲁番

苏公塔礼拜寺的平面布局特点是将礼拜殿与邦克楼、住宅等都组织在一幢建筑内，东面正中为高大的门楼，门洞上部及两侧饰有大小不同的尖拱券，这也是新疆伊斯兰教建筑常用的形制和独具的艺术风格。穿过门厅为面阔五间、进深九间的礼拜殿，屋顶高起，上部开天窗。因大殿规模宏大，外墙无窗，仅靠天窗微弱光线，予人缥缈无垠的空间感，具有浓厚的宗教神秘气氛。大殿周围有30组双套间式小室，内壁粉刷洁白，少用装饰，更为素雅大方。

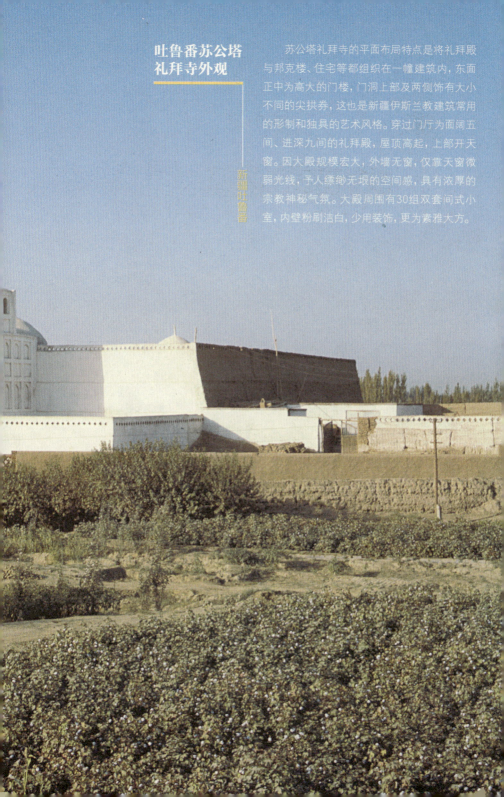

霍城吐虎鲁克帖木儿玛扎

新疆霍城县

吐虎鲁克帖木儿玛扎是早期伊斯兰教建筑中具有重要影响力的陵墓建筑，位于霍城县东的玛扎村，是成吉思汗七世孙察合台汗的后裔吐虎鲁克汗的墓冢，建于元至正二十三年(公元1363年)。墓祠建筑完全模仿中亚建筑形制，为砖结构，宽10.8米，深15.8米，正中为圆形穹窿顶，二层为暗回廊，总高14米。墓祠造型简洁，装饰丰富，高大宽敞的尖拱门式门廊，具有浓厚的新疆伊斯兰教建筑特色，附近有其父和其子的墓室各一座。

霍城吐虎鲁克帖木儿玛扎正面

新疆霍城县

墓祠正面是玛扎的重要装饰所在，整个立面上布满各式各样的几何图案，图案具有强烈的民族风格。正中的伊斯兰式尖拱券、两边对联式的经文及横额，都以阿拉伯文字组成优美图案。其余壁面均用紫、绿、蓝、褐、白等彩色琉璃花砖嵌拼，图案达二十余种，严谨细腻，异常丰富。吐虎鲁克玛扎壁面的彩色琉璃砖尺寸准确、质地均匀，至今色彩如新，说明当时烧制琉璃的工艺与技术已有很高的水准。

库车礼拜大寺礼拜大殿

新疆库车县

库车礼拜大寺建于清代，礼拜大殿朴素大方，外檐高近8米，明间、次间与梢间的檐廊高低分明，檐柱间加木格栅，成半封闭式的外殿。殿内在正中部位设高出屋面的巨型天窗，采用卷棚式屋顶，反映了汉族文化的深刻影响，但整体建筑仍属维吾尔风格。外檐斗栱、槅扇门与木格栅仅作简单油彩，经岁月的流逝，呈现出微显苍凉的淡妆。阳光透过天窗照射进室内枋柱及墙面，有良好的采光效果，也深具庄严的宗教气息。

库车礼拜大寺外观

新疆库车县

库车礼拜大寺规模宏大，主要建筑有邦克楼、礼拜殿、玛扎、讲经堂及宗教法院等建筑。邦克楼高达20米，为砖结构，气势非常宏伟，其四隅塔柱与窗间墙的砌筑异常精细，反映了匠人的高超技艺。寺院内建筑古老的玛扎应是明末清初遗物，礼拜大殿的内殿则是近几十年来维修的结果，宗教法院是伊斯兰教建筑中罕见的形式，为一平房小院，用来判处触犯教规的穆斯林。

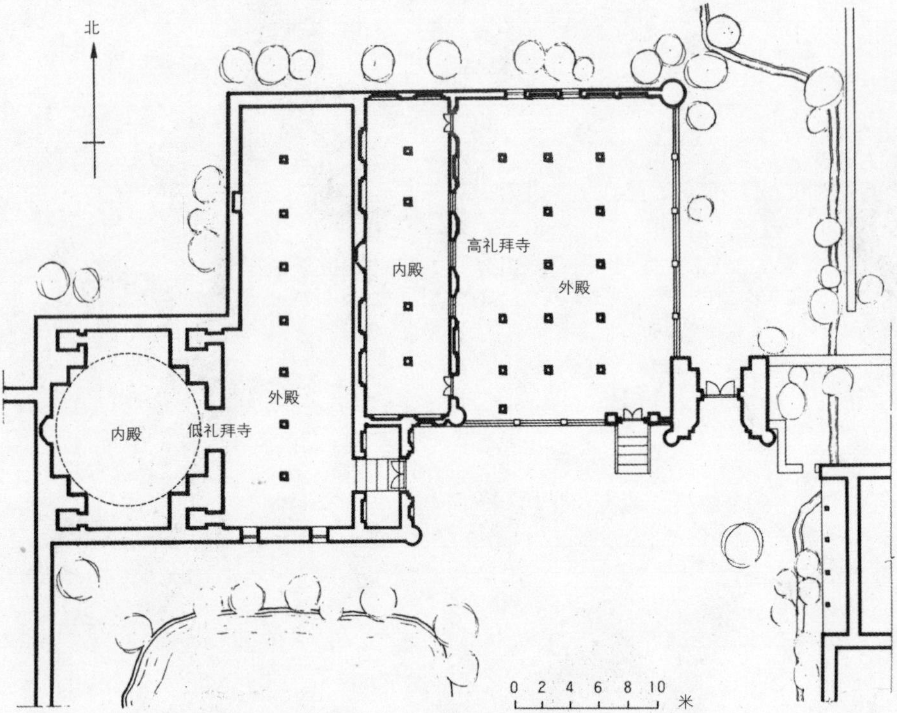

阿巴伙加玛扎高低礼拜寺平面图

位于新疆喀什市东北郊，是喀什地区伊斯兰教白山派首领阿巴伙加及其家族的共有墓地，始建于17世纪中叶，后经多次改建和扩建。阿巴伙加玛扎是新疆伊斯兰教建筑中最宏大的综合建筑组群，占地约40亩，包括墓祠、四座礼拜寺和一所教经堂，以及阿訇住宅、食堂、水房和教民墓群，整个建筑群采取自由式布局。

大门、高礼拜寺、低礼拜寺和教经堂是一个组群。高礼拜寺开敞的外殿装饰华丽，位于转角处的两个塔楼与大门两侧的塔楼，构成伊斯兰教建筑特有的轮廓。纯朴古拙的低礼拜寺和教经堂具有陪衬作用。

墓祠是全陵园的主体建筑，平面呈方形，四隅有塔式邦克楼，中间大穹窿顶由四面尖拱承托，外覆绿琉璃，顶上置亭式塔楼，总高24米，直径16米。整个建筑造型简练宏伟，深具新疆伊斯兰教建筑特色。

墓祠西北侧的绿顶礼拜寺，外殿是面阔四间、进深三间的平顶式敞廊，内殿是覆盖绿琉璃的穹窿顶建筑。

陵园西区与墓祠相对的是大礼拜寺。寺的外殿是正面十五间、进深四间，两侧有八开间的平顶敞廊建筑，成为列柱林立的凹字形空间。内殿低矮的拱顶，与外殿形成强烈对比。

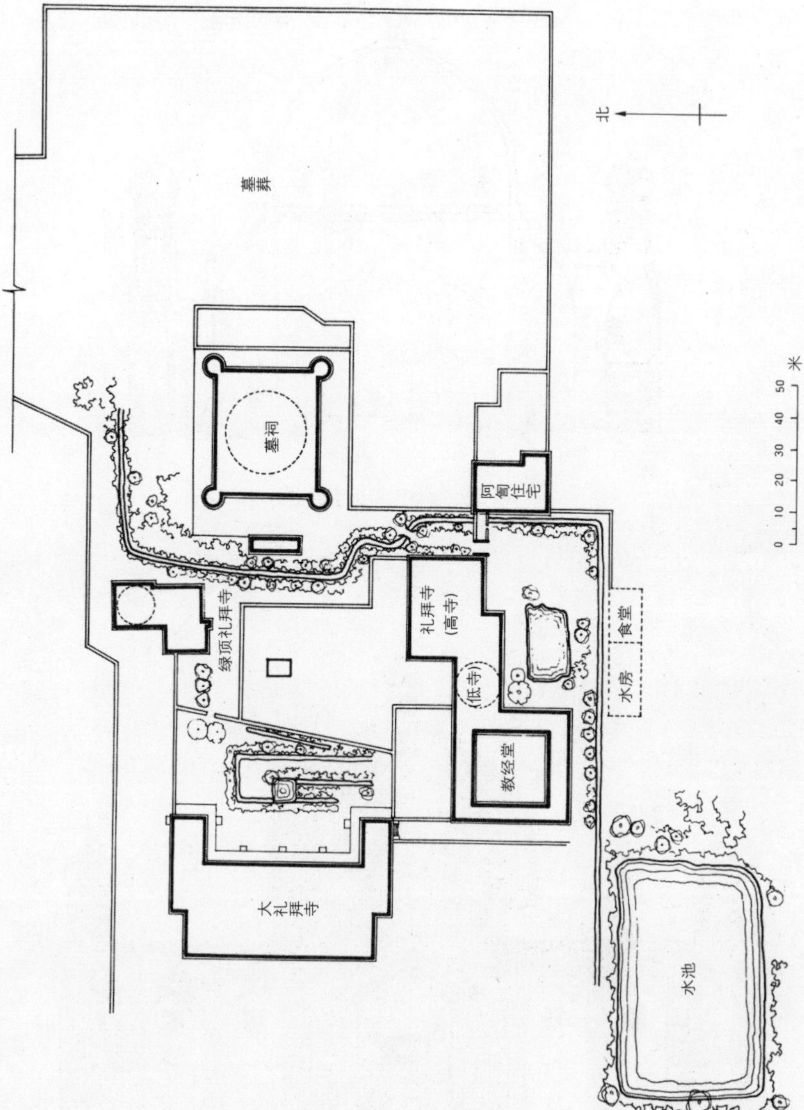

阿巴伙加玛扎总平面图

阿巴伙加玛扎墓祠剖面图

阿巴伙加玛扎墓祠正立面图

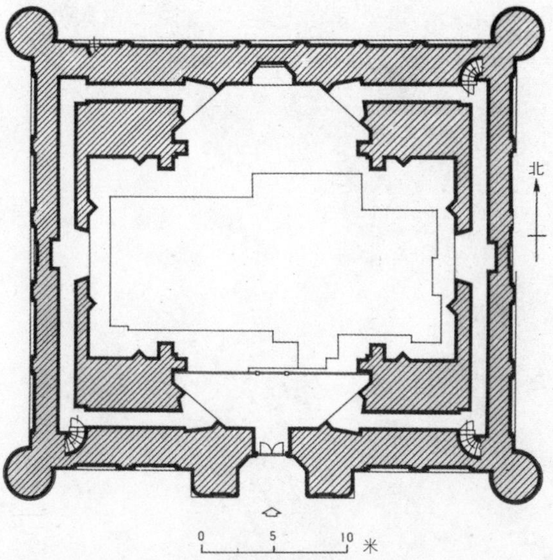

阿巴伙加玛扎墓祠平面图

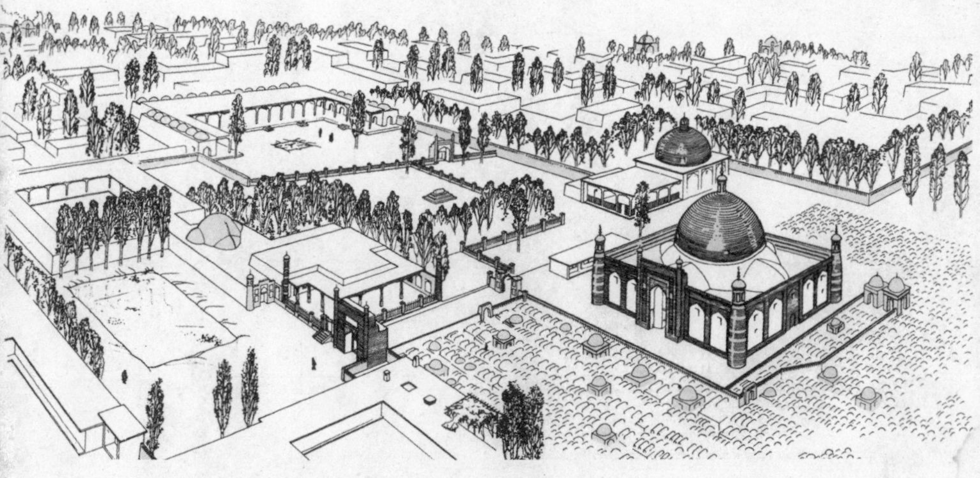

阿巴伙加玛扎鸟瞰图

喀什阿巴伙加玛扎大礼拜寺内景

新疆喀什

阿巴伙加玛扎是阿巴伙加家族的共有墓地，始建于公元十七世纪中叶。大礼拜寺位于建筑群的西侧，与墓祠遥相呼应，且自成院落。寺的外殿正面十五间，进深四间，两侧有八开间的平顶敞廊建筑，米黄色的墙面，白色伊斯兰式拱券门隐现于褐红色的多层柱廊中。内殿由砖砌尖拱券组成连续空间，与新疆其他寺院不同的是大礼拜寺内殿不封闭，各间向着外殿的尖拱门均不设门扇，直接与外殿相通。

喀什阿巴伙加玛扎高礼拜寺

新疆喀什

高礼拜寺东与大门毗连，西与低礼拜寺相接，建在高台之上，装饰丰富华丽，其柱式新颖且种类繁多。高礼拜寺面积不大，内殿六间，外殿五间，皆为平顶建筑，另有一曲尺形庭院，布置灵活。在高礼拜寺的东北与西南隅各有一座砖砌邦克楼，楼身修长，以黄褐色砖拼砌出多种几何纹样细密如锦绣，异常秀美。邦克楼与玛扎总入口的邦克楼及低礼拜寺的塔楼相互呼应，形成伊斯兰教建筑的特有轮廓。

喀什阿巴伙加玛扎高礼拜寺外殿

新疆喀什

高礼拜寺外殿木柱皆有雕饰及彩画，分为柱头、柱身与柱础三部分，14根柱身雕饰纹样无一雷同。柱头雕成由多层小尖龛组成的星状托帽，犹如一朵朵竞放、争奇斗艳的花朵，是受伊拉克一带伊斯兰教建筑的影响。柱身为八角形，但每个楞面起线，下部柱础部位作成双截面的各类八方形式。梁枋、天花上满饰几何图案彩画，构图自由，装饰繁复。该寺外殿虽装饰较多，但因保持了洁白的天花、朴素的墙面等，仍维持了维吾尔族礼拜寺的基本特色。

喀什阿巴伙加玛扎大门

新疆喀什

阿巴伙加玛扎是一组庞大的建筑群，每年肉孜节前后都要在此地举行祭祀活动，因此在玛扎区内，为来此祭祀的穆斯林准备了四座礼拜寺，即绿顶礼拜寺、大礼拜寺、高礼拜寺及低礼拜寺，整个建筑群呈自由式布局。玛扎大门未沿中轴线布置，而是位于墓室西南方向，与高礼拜寺毗邻。大门满饰蓝白色面砖，厚实而高大的体量与高礼拜寺开敞的廊柱彼此相依，错落有致，形成极佳的搭配。

喀什阿巴伙加玛扎绿顶礼拜寺

新疆喀什

绿顶礼拜寺位于阿巴伙加玛扎西部，紧临墓祠，与墓祠约为同期建筑。其内殿为方形，屋顶为砖砌穹窿顶结构，即在四壁架设八个拱券，其上再架十六个拱券，再架三十二个拱券，上方再以穹窿顶结束。外殿为开放式空间，平面亦呈方形，殿内排列整齐的柱式，柱形与高礼拜寺相似，但装饰简朴，通柱绿色，而非高礼拜寺的色彩斑斓。绿顶礼拜寺以其穹窿顶外部镶嵌绿釉琉璃砖而得名，与阿巴伙加玛扎内其他建筑形成良好的协调。

喀什阿巴伙加玛扎墓祠

新疆喀什

阿巴伙加玛扎占地约40亩，设墓祠一座、礼拜寺四座、教经堂一座及阿訇住宅与沐浴室，周围还有许多穆斯林的坟墓。整座建筑群以墓祠最为宏大，平面呈方形，四隅有塔式邦克楼，中间大穹窿顶由四面尖拱承托，外覆绿琉璃面砖，上冠以亭式塔楼，总高24米。墙面每间作成尖拱形，墙面外框镶嵌绿色琉璃砖，入口两侧绘有美丽的石膏花饰图案，蓝地白花，格外醒目。整个建筑造型简练，气势壮观，是新疆伊斯兰教建筑的典型实例。

喀什某礼拜寺礼拜殿内景

新疆喀什

该礼拜寺是近年修建的中小型寺院，仍维系着早期维吾尔族礼拜寺的建筑风格，由内、外殿及砖砌邦克楼等组成。图为礼拜殿内景，礼拜殿内、外殿均为密肋式建筑，内殿柱身细长而简洁。西壁圣龛彩饰鲜艳明快，用几何形、卷草形石膏花纹组成图案，以蓝、绿、红、橙等色彩作衬底，对比强烈。室内施有彩绘的天花与雕刻简朴的褐红色柱式，在整片红色地毯的烘托下，将大殿点缀得格外绚丽。

喀什奥大西克礼拜寺礼拜殿圣龛

新疆喀什

位于礼拜殿西墙的圣龛体量十分大，且装饰华丽。圣龛全部用几何图案的石膏花饰，外缘有方形边框，中心有两层尖拱券凹进。运用不同的填色及图案花饰使上述几部分的轮廓边缘十分明显，表现出强烈的维吾尔族民族艺术特色。圣龛左前方按伊斯兰教建筑布局设一宣谕台，宣谕台造型精巧，仅饰少许彩画，但色彩鲜丽，与蓝、白两色的圣龛形成对比，也为大殿内洁白的壁面增加若干装饰。

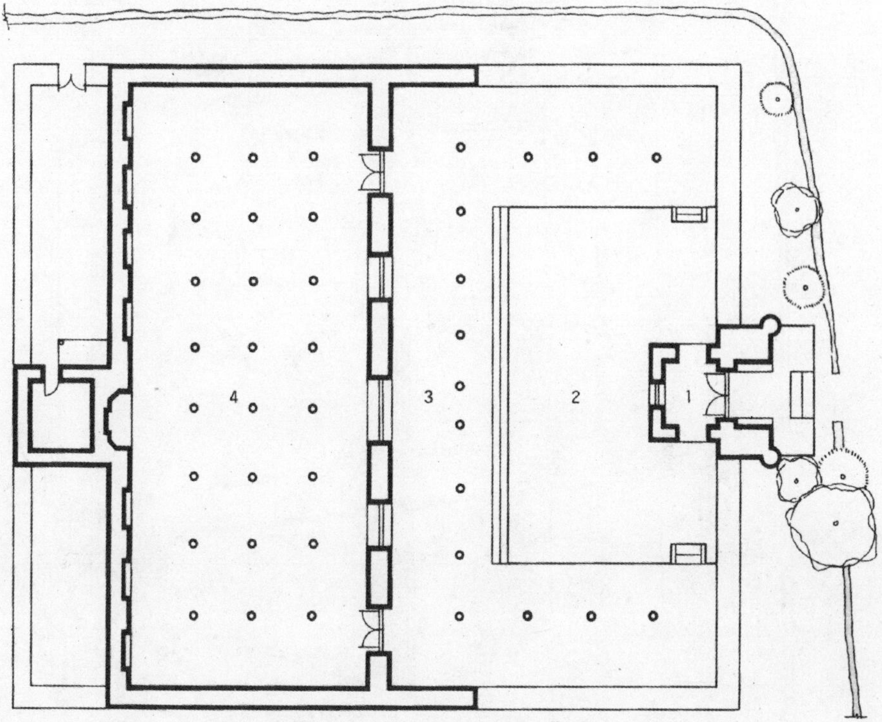

1.大门 2.庭院 3.外殿 4.内殿

新疆喀什奥大西克礼拜寺平面图

奥大西克礼拜寺是喀什旧城内一座古老而又较大的礼拜寺，建于清代。礼拜寺的方形布局由雄伟高耸的门楼及内、外礼拜殿组成，南北两侧环以敞廊，布局较规整，但大门与圣龛不在一条轴线上。

礼拜殿采用内、外殿制度，是新疆伊斯兰教建筑的特点。内、外殿均为密肋式梁柱构架，施有彩绘的白色天花与雕刻简朴的深红色柱子，搭配整片的红色地毯。内殿比较封闭，位于外殿西侧，供冬季教民礼拜之用；殿面阔九间，进深四间，梁枋雕饰少，是早期维吾尔族礼拜寺的建筑风格。其西墙圣龛十分巨大，采用几何图案的石膏花饰，装饰华丽。

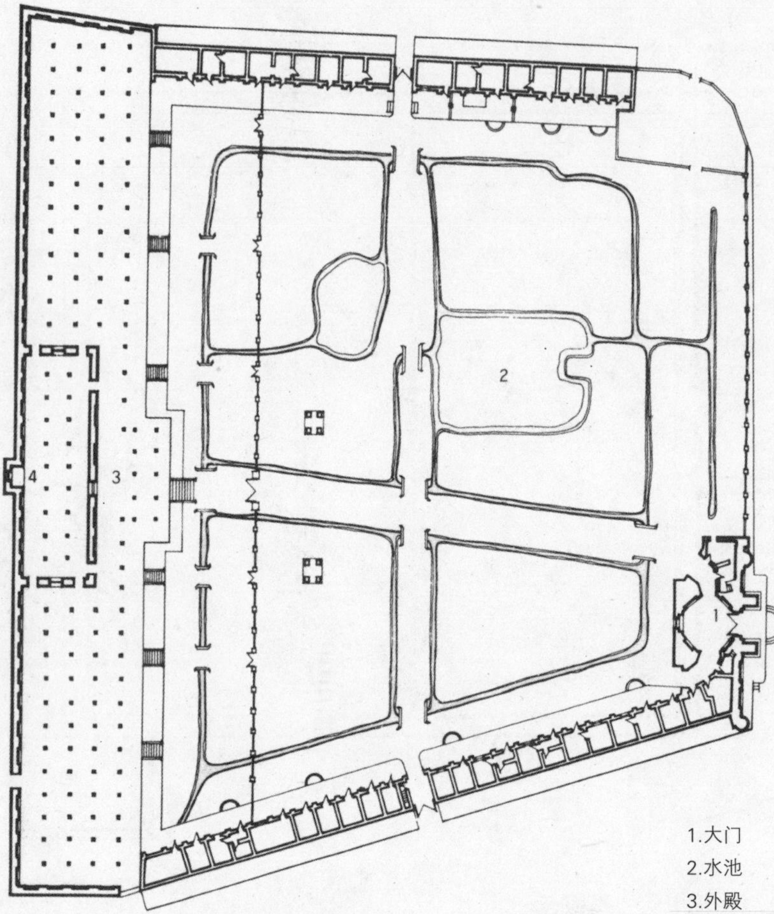

新疆喀什艾迪卡尔礼拜寺平面图

艾迪卡尔礼拜寺位于喀什市中心艾迪卡尔广场上。始建于明代，至清代陆续扩建成今日规模。礼拜寺总平面呈不规则方形，坐西朝东，布局无明显轴线对称关系，体现新疆伊斯兰教建筑的布局特色。由门楼、礼拜殿、数十间讲堂及阿訇、学生住宅等所组成，是南疆最大的寺院，可容纳数千人同时礼拜。

礼拜寺大门位于东南部，由尖拱券门楼、窗式壁龛及左右高耸的邦克楼组成，建筑装饰宏伟开阔。进入大门可见广大的庭院，栽植树木，并置水池。

礼拜殿位于庭院后方，面阔三十八间，进深四间，堪称中国面阔最宽的建筑物。礼拜殿按地区传统风格做成密肋平顶横长的敞口厅形式，分为外殿与内殿，封闭的内殿供冬季作礼拜之用。外殿圣龛及天花是全寺装饰的重点部位。

喀什艾迪卡尔礼拜寺礼拜殿圣龛

新疆喀什

艾迪卡尔礼拜寺始建于明代，至清代陆续扩建，始成今日规模。礼拜殿是寺内的主要建筑，进深四间，面阔则达三十八间，是中国面阔最大的建筑。外殿采用廊柱式敞口厅做法，内殿位在外殿的中后部，是冬季礼拜之所，这种划分内、外殿的制度是维吾尔族建筑的特点。图为礼拜殿外殿圣龛，外观为精巧的尖拱门式，周围除白色石膏花饰外，被四条宽窄与花饰不同的彩带拱卫着，图案组织准确细腻，整体装饰具有清新、洁净的艺术特征。

喀什艾迪卡尔礼拜寺外观

新疆喀什

“艾迪卡尔”是阿拉伯语和波斯语的复合语，意为节日礼拜场所。艾迪卡尔礼拜寺是新疆地区规模最大的礼拜寺，可容纳数千人同时礼拜。寺院总平面不求严整对称，布局自由活泼，由门楼、礼拜殿及数十间讲堂与阿訇、学生住宅等组成。独特的大门用两个体量不一的砖砌邦克楼、一双窗式壁龛及尖拱门楼巧妙地组织在一起，虽不对称，却十分和谐。将入口设计为寺院最高大的建筑而成为标志是伊斯兰教的建筑特色，艾迪卡尔礼拜寺即充分反映此种建筑形式。

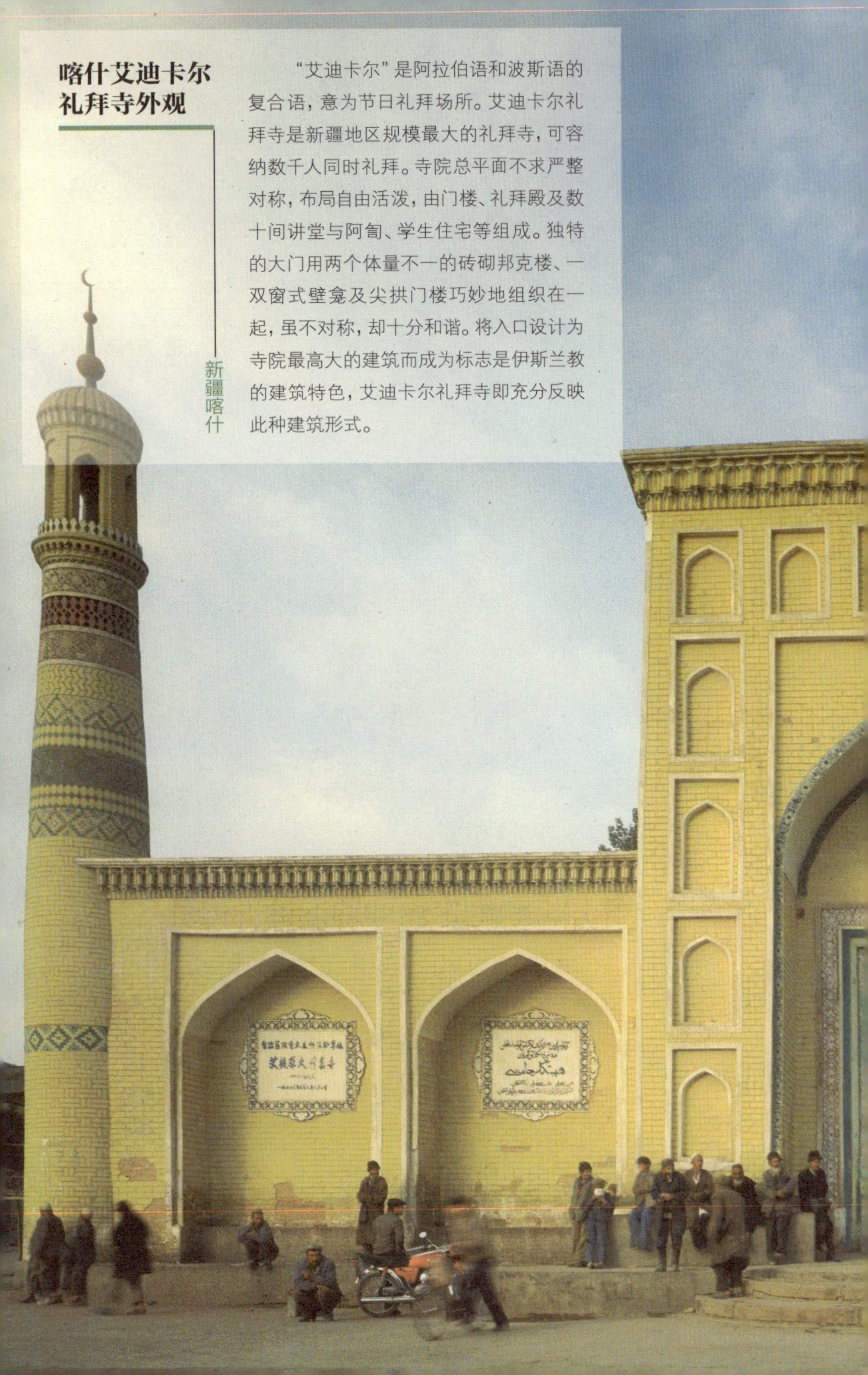

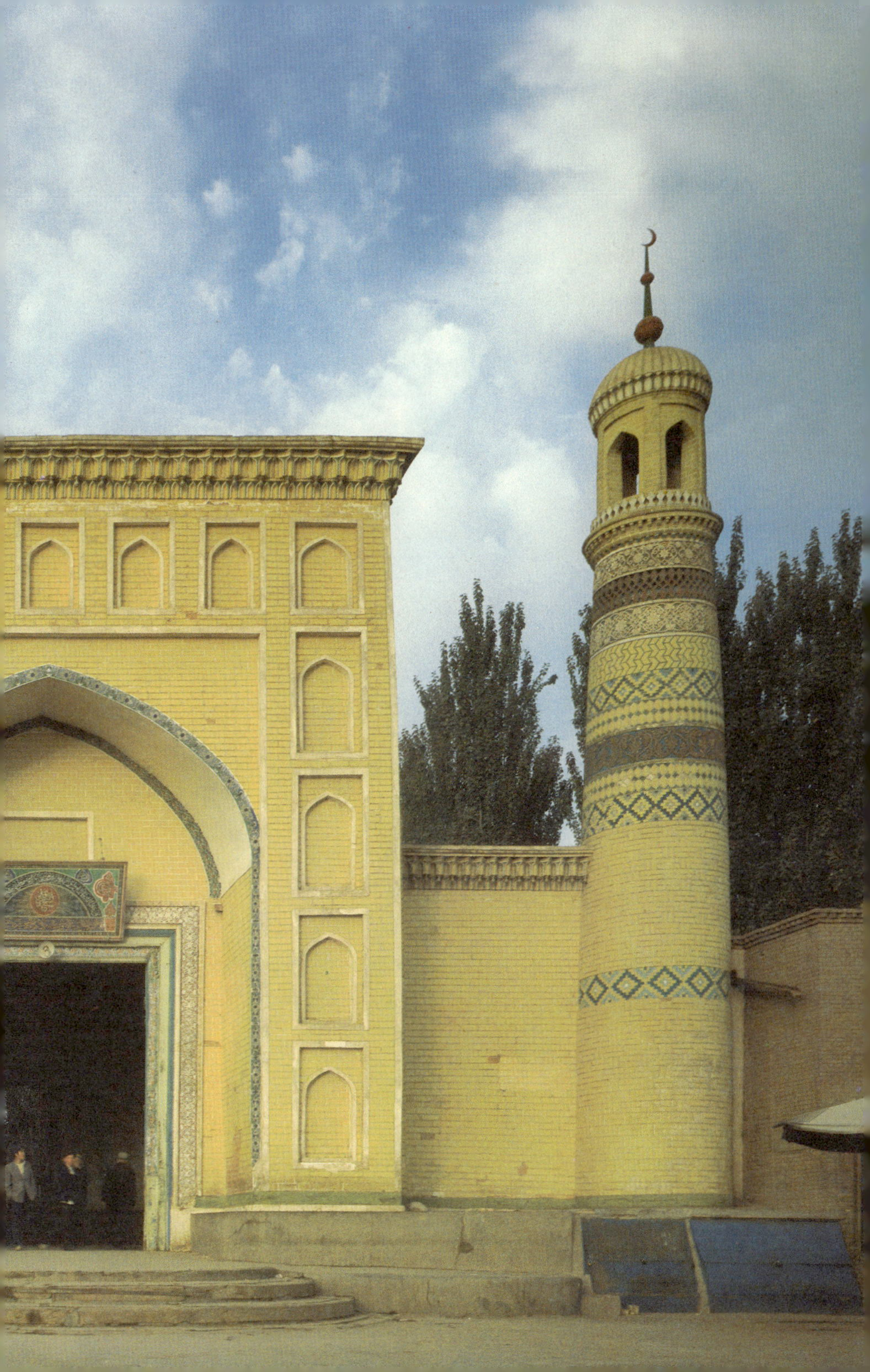

哈密王陵

新疆哈密

哈密王陵是新疆地区著名的伊斯兰教玛扎建筑，建有墓祠、礼拜大殿、教经堂及教民的墓地。原来规模宏大，现仅存三座墓祠和一座礼拜寺。三座墓祠造型各异，建造年代也有早晚之别。入口高峻，为凹式尖拱形门廊，门两侧有八个尖拱形小龛，建筑轮廓及线脚都用特制的琉璃砖拼砌，设计精确，施工细致，建筑造型庄重而富于变化。据《新疆游记》所载，哈密王陵为大伯锡尔王时(公元1820～1866年)所建，费时20年始建成。

莎车大礼拜寺外殿局部

新疆莎车县

莎车大礼拜寺是南疆地区的著名大寺之一，主要建筑有大门、经房及礼拜大殿等。院内西侧的礼拜大殿为平顶建筑，由内、外殿组成，是南疆地区伊斯兰教建筑的惯用形制，一般不强求对称，莎车大礼拜寺则为中轴对称形式，且中部五间柱廊高起，使礼拜大殿的造型显得活泼中又添几分庄严。尤以外殿的檐柱最引人注目，蓝色修长的柱身，红蓝绿相间的柱裙、花朵般硕大的柱头及鲜艳的彩饰，以几何纹样和植物花卉相间，构成丰富的图案，明快热烈。独特的柱式与浓郁的色彩，表现出南疆伊斯兰教建筑特有的艺术风貌。

和田加买礼拜寺大门

新疆和田

和田是南疆大城之一，素以和田玉知名，伊斯兰教传入新疆后，成为维吾尔族人民最重要的宗教信仰，礼拜寺的兴建亦应运而生。加买礼拜寺与经文学校建在一起，均有单独出入口。寺院大门面向南方，作尖拱形，顶部起塔楼。门侧及粗壮的邦克楼组合在一起，益显坚实有力，三个塔楼顶部均有月牙形雕饰，是伊斯兰教建筑重要象征。门墙及两侧邦克楼塔柱满饰呈金黄色的石膏花饰，整体效果强烈富丽。

八字墙： 墙壁的一种形式，多在大门、大殿的两侧，与建筑成一定角度，且常与大门前影壁相呼应。

十字脊： 两个两坡屋顶垂直相交，屋脊形成十字，顶之外端作成歇山式。

勾连搭： 几个两坡屋面连在一起，使屋顶形成天沟；有的几个歇山屋面勾连一起，四周可形成廊庑。

天井： (1)四面或三面房屋和围墙中间的空地，也指室内露天的小空间。其形如井而露天，故以为名。(2)古代指天花板，也称承尘、藻井。

斗栱： 我国传统木构架体系建筑中的一种支承物件，由斗形木块和弓形木纵横交错层叠构成。早期斗栱为木构架结构层的一部分，明、清以后斗栱的结构作用蜕化，成为主要起装饰作用的构件。

四合院： 中国传统的院落式住宅，其布局特点是四面建房，中间围成一个庭院。基地四周为墙，一般对外不开窗。

平屋顶： 排水坡度一般小于10%的屋顶。

如意斗栱： 在平面上除互成正角之翘昂与外，在其角内45° 线上另加翘昂者。

曲廊： 廊的形式之一。布置多曲折迤逦，引导游人行进时变换视景角度，步移景异。

次间： 在建筑物明间两侧与稍间之间的部分。

灰缝： 墙体的块料间粘结物所在的缝。

岔角： 方形或长方形的四角出现的图案，如天花彩画方光内圆光外之四角。

抄手回廊： 左右环抱的走廊。

券门： 用“发券”方法做成砖石洞口的门，按券的形式又分为半圆形、尖拱形和折线形等。

卷棚： 屋顶前后坡相接处不用脊而以弧线联络为一之结构法。

抬梁式： 中国古代大木构架的主要形式。这种构架是在柱上架梁，再于梁上重叠数层瓜柱和梁，最上层梁上立脊瓜柱，由此组成的一组木构架。

明间： 建筑物正面中央两柱间之部分。

枋： 较小于梁之辅材。

穹窿顶： 建筑物凸屋顶的空间结构，在平面图内多呈圆形或多边形。

花罩： 大多用于室内，属丰富华丽的罩，具有分隔空间的功用，而且可得到隔而不断的效果。

金柱： 在前后两排檐柱以内，但不在纵中线上之附件。

亭： 平面为圆形、方形或正多边形之建筑物。

垂花门： 大型宅第经常在大门之内又设第二道门。门上常做装饰性很强的门楼。其木梁架四角有悬吊式短柱承载前后檐额枋，短柱下端雕有花饰，故名垂花柱。此门也被称为垂花门。其他类型建筑有时也设垂花门。

垂花柱： 一种垂柱形式，用穿枋与主要木构架相连接，垂柱下端雕刻各种花饰。

宣礼塔： 伊斯兰教建筑形式之一。又称唤醒楼、邦克楼、密那楼，最初是为了召唤教民至清真寺做礼拜用的。后因计时方法日多，使其唤醒功能逐步消失，而且成为一种装饰性建筑。

屏门： 多用于内檐，但在外檐如二门的后檐柱间亦常用，其特点是门表面十分光平。

屋面： 是屋顶的上覆盖层，包括面层和基层。面层的主要作用是防水和排水，基层具有承托面层、起坡、传递荷载等作用。

拱券： 拱和券的合称。块状料（砖、石、土坯）砌成的跨空砌体。利用块料之间的侧压力建成跨空的承重结构的砌筑方法称“发券”。用此法砌于墙上做门窗洞口的砌体称券；多道券并列或纵联的构筑物（水道、屋顶）称筒拱；用此法砌成的穹窿称拱壳。

穿斗式： 中国古代建筑木构架的一种形式，这种构架以柱直接承檩，没有梁，而以数层“穿”贯通各柱，组成一组构架。

穿堂： 连接前后房屋、具有交通性能的建筑，亦包括沟通前后院落所设置穿通的堂屋。

重檐： 两层以上的屋檐谓之重檐。

面阔： 建筑物正面柱与柱间之距离。建筑物正面之长度称为通面阔。

起脊式： 系指有两个以上带坡的屋面和屋脊

组成的屋顶。中国古代屋顶形式有硬山、悬山、歇山、庑殿及攒尖顶等。

回廊: 围合庭院的有顶的通道。

挂落: 建筑装饰构件之一。北方称“楣子”。悬装于廊柱间檐枋下的木制花格。

透窗: 亦称“漏窗”，窗洞形状式样繁多，窗洞内采用透空纹样，有直棂、几何形，以及复杂的动、植物纹。

围廊: 又称周围廊，在一幢建筑四周加廊柱及屋顶的建筑，亦有与建筑围成院落的廊子。

围墙: 上面无盖，不蔽风雨，只分界限之墙。

廊墙: 又名廊心墙，系指檐廊两侧山墙里皮部分，是重点装饰部位。

牌坊: 原来是里坊的一种门制，后来用以标榜功德，同时划分或控制空间。一般采用木材、砖石、琉璃等材料建造。

牌楼: 两立柱之间施额枋，柱上安斗檐屋，下可通行之纪念性建筑物。

硬山: 传统建筑双坡屋顶形式之一，特点是两侧山墙与屋面齐平或略高于屋面。

进深: 建筑物由前檐柱至后檐柱间之距离。

开间: 建筑物柱与柱间的距离。

须弥座: 传统建筑的一种台基，一般用砖或石砌成，上有凹凸线脚和纹饰。

圆光: 天花彩画正中圆形部分。

圆拱顶: 半圆球状拱顶，即穹窿顶。

暖廊: 指封闭的廊子。

歇山: 由四个倾斜的屋面、一条正脊、四条垂脊、四条戗脊和两侧倾斜屋面上部转折成垂直的三角形山花墙面组成，形成硬山与庑殿相交所成之屋顶结构形式。因屋顶有九条脊，所以又称“九脊顶”。

游廊: 建筑群中用以联络之独立有覆盖的走道，是园林或院落中一个与室外环境既隔且连，富于变化的空间。

隔断: 分隔建筑内部空间的竖直构件。

槅扇门: 一种有棂格采光，可以开合装卸的室内或室外的门。

漏窗: 通常用砖瓦磨制镶嵌在墙面上，构成透空的花纹图案，用以装饰墙面，并沟通窗两侧的空间。

玛扎: 中国伊斯兰教建筑中的墓祠建筑，系教主或宗教上层人物的填墓。新疆地区称玛扎，甘、青、宁诸省称为拱北。

墀头: 山墙伸出至檐柱外之部分。

影壁: 建在院落的大门内或大门外，与大门相对作屏障用的墙壁，又称照壁、照墙。古称门屏，其形式有一字形和八字形等。

楼阁: 中国古代建筑中的多层建筑物。早期的楼与阁是不同的；楼指重屋，阁指下部架空，底层高悬的建筑。后世楼阁二字互通，无严格区分，但于建筑组群中为建筑物命名仍有保持这种区分原则。

跺: 斗上每出一拽架谓之一跺。

庑殿: 我国传统建筑屋顶形式之一，由四个倾斜的坡屋面，一条正脊(平脊)和四条斜脊组成，所以又称“五脊顶”。四角起翘，屋面略成弯曲。

壁心: 影壁壁身的中心部位。

磨砖对缝: 又叫乾摆，系中国古建筑砖墙中最讲究的砌筑方法。经五面打磨的砖的棱角要整齐，摆砖不挂灰，外表严丝合缝，然后灌灰浆粘牢。

檐柱: 支承屋檐之柱。

槛窗: 窗扇上下有转轴，可以向内或向外开合之窗。窗下为槛墙。

槛墙: 槛窗以下之矮墙。

翘: 斗上在前后中线上伸出之弓形木。

轿子顶: 亦即“盝形顶”，属攒尖顶的一种形式。

悬山: 亦称“挑山”。中国传统建筑双坡屋顶形式之一。其特点是屋面两侧伸出山墙之外。

攒尖顶: 平面为圆形、方形或其他正多边形之建筑物上的锥形屋顶。

栏杆: 台坛、楼或廊边上防人、物下坠之障碍物。

栏板: 栏杆望柱之间的石板。

棂条: 扇上部仔边以内横直支撑之细木条。

附录二 / 中国古建筑年表

朝代	年代	中国年号	大事纪要
新石器时代	前约4800年		今河姆渡村东北已建成干阑式建筑(浙江余姚)
	前约4500年		今半坡村已建成原始社会的大方形房屋(陕西西安)
	前3310～2378		建瑶山良渚文化祭坛(浙江余杭)
	前约3000年		今灰嘴乡已建成长方形平面的房屋(河南偃师)
	前约3000年		今江西省清江县已出现长脊短檐的倒梯形屋顶的房屋
	前约3000年		建牛河梁红山文化女神庙(辽宁凌源)
商	前1900～1500		二里头商代早期宫殿遗址，是中国已知最早的宫殿遗址(河南偃师)
	前17～11世纪		今河南郑州已出现版筑墙、夯土地基的长方形住宅
	前1384	盘庚十五年	迁都于殷，营建商后期都城(即殷墟，今河南安阳小屯)
	前12世纪	纣王	在朝歌至邯郸间兴建大规模的苑台和离宫别馆
西周	前12世纪～771		住宅已出现板瓦、筒瓦、人字形断面的脊瓦
	前12世纪	文王	在长安西北40里造灵囿
	前12世纪	武王	在沣河西岸营建沣京，其后又在沣河东岸建镐京
	前1095	成王十年	建陕西岐山凤雏村周代宗庙
	前9世纪	宣王	为防御猃狁，在朔方修筑系列小城
	前777	宣王五十一年(秦襄公)	秦建雍城西，祭白帝。后陆续建密畤、上畤、下畤以祭青帝、黄帝、炎帝，成为四方神畤
春秋	前6世纪		吴王夫差造姑苏台，费时3年
	前475	敬王四十五年	《周礼·考工记》提出王城规划须按“左祖右社”制度安排宗庙与社稷坛
战国	前4～3世纪		七国分别营建都城；齐、赵、魏、燕、秦并在国境中的必要地段修筑防御长城
	前350～207		陕西咸阳秦咸阳宫遗址，为一高台建筑
秦	前221	始皇帝二十六年	秦灭六国，在咸阳北阪仿关东六国而建宫殿
	前221	始皇帝二十六年	秦并天下，序定山川鬼神之祭
	前221	始皇帝二十六年	派蒙恬率兵30万北逐匈奴，修筑长城：西起临洮，东至辽东；又扩建咸阳
	前221～210	始皇帝二十六至三十七年	于陕西临潼建秦始皇陵
	前219	始皇帝二十八年	东巡郡县，亲自封禅泰山，告太平于天下
	前212	始皇帝三十五年	营造朝宫(阿房宫)于渭南咸阳
西汉	前3世纪		出现四合院住宅，多为楼房，并带有坞堡
	前206	高祖元年	项羽破咸阳，焚秦国宫殿，火三月不绝
	前205	高祖二年	建雍城北畤，祭黑帝，遂成五方上帝之制
	前201	高祖六年	建枌榆社于原籍丰县，继而令各县普遍建官社，祭土地神祇
	前201	高祖六年	令祝官立蚩尤祠于长安
	前201	高祖六年	建上皇庙
	前200	高祖七年	修长安(今西安)宫城，营建长乐宫
	前199	高祖八年	始建未央宫，次年建成

续表

朝代	年代	中国年号	大事纪要
西汉	前199	高祖八年	令郡国、县立灵星祠，为祭祀社稷之始
	前194～190	惠帝一至五年	两次发役30万修筑长安城
	前179	文帝元年	天子亲自躬耕籍田，设坛祭先农
	前179	文帝元年	在长安建汉高祖之高庙
	前164	文帝十六年	建渭阳五帝庙
	前140～87	武帝年间	于陕西兴平县建茂陵
	前140	武帝建元元年	创建崂山太清宫
	前139	武帝建元二年	在长安东南郊建立太一祠
	前138	武帝建元三年	扩建秦时上林苑，广袤300里，离宫70所；又在长安西南造昆明池
	前127	武帝元朔二年	始修长城、亭障、关隘、烽燧；其后更五次大规模修筑长城
	前113	武帝元鼎四年	建汾阴后土祠
	前110	武帝元封元年	封禅泰山
	前109	武帝元封二年	建泰山明堂
	前104	武帝太初元年	于长安城西建建章宫
	前101	武帝太初四年	于长安城内起明光宫
	前32	成帝建始元年	在长安城建南、北郊，以祭天神、地，确立了天地坛在都城规划布置中的地位
	4	平帝元始四年	建长安城郊明堂、辟雍、灵台
	5	平帝元始五年	建长安四郊兆、祭五帝、日月、星辰、风雷诸神
	5	平帝元始五年	令各地普建官稷
新	20	王莽地皇元年	拆毁长安建章宫等十余座宫殿，取其材瓦，建长安南郊宗庙，共十一座建筑，史称王莽九庙
东汉	25	光武帝建武元年	帝车驾入洛阳，修筑洛阳都城
	26	光武帝建武二年	在洛阳城南建立南郊(天坛)祭告天地
	26	光武帝建武二年	在洛阳城南建宗庙及太社稷。宗庙建筑，改变了汉初以来的一帝一庙制度，形成一庙多室，群主异室
	57	光武帝中元二年	建洛阳城北的北郊，祭地祇
	65	明帝永平八年	建成洛阳北宫
	68	明帝永平十一年	建洛阳白马寺
	153	桓帝元嘉三年	为曲阜孔庙设百石卒史，负责守庙，为国家管理孔庙之始
	2世纪	东汉末年	张陵修道鹤鸣山，创五斗米教，建置致诚祈祷的静室，使信徒处其中思过；又设天师治于平阳
	2世纪末	东汉末年	第四代天师张盛遵父(张鲁)嘱，携祖传印剑由汉中迁居龙虎山
三国	220	魏文帝黄初元年	曹丕代汉由邺城迁都洛阳，营造洛阳及宫殿
	221	蜀汉章武元年	刘备称帝，以成都为都
	229	吴黄武八年	孙权由武昌迁都建业，营造建业为都城
	235	魏青龙三年	起造洛阳宫
	237	魏明帝太和十一年	在洛阳造芳林苑，起景阳山
晋	约300年	惠帝永康元年	石崇于洛阳东北之金谷涧，因川阜而造园馆，名金谷园
	327	成帝咸和二年	葛洪于罗浮山朱明洞建都虚观以炼丹，唐天宝年间扩建为葛仙祠

续表

朝代	年代	中国年号	大事纪要
晋	332	成帝咸和七年	在建康(今南京)筑建康宫
	4世纪		在建康建华林园，位于玄武湖南岸；刘宋时则另于华林园以东建乐游苑
	347	穆帝永和三年	后赵石虎在邺城造华林园，凿天泉池；又造桑梓苑
	353～366	穆帝永和九年至废帝太和元年	始创甘肃敦煌莫高窟
	400	安帝隆安四年	慧持建普贤寺(即今万年寺前身)，为峨眉山第一座寺庙
	401～407	安帝隆安五年至义熙三年	燕慕容熙于邺城造龙腾苑，广袤十余里，苑中有景云山
	413	安帝义熙九年	赫连勃勃营造大夏国都城统万城
南北朝	420	宋武帝永初元年	谢灵运在会稽营建山墅，有《山居赋》记其事
	446	北魏太平真君七年	发兵10万修筑畿上塞围
	452～464	北魏文成帝	始建山西大同云冈石窟
	5世纪	北魏	北天师道创立人寇谦之隐居华山
	5世纪	齐	文惠太子造玄圃园，有“多聚奇石，妙极山水”的记载
	494～495	北魏太和十八至十九年	开凿龙门石窟(洛阳)
	513	北魏延昌二年	开凿甘肃炳灵寺石窟
	516	北魏熙平元年	于洛阳建永宁寺木塔
	523	北魏正光四年	建河南登封嵩岳寺砖塔
	530	梁武帝中大通二年	道士于茅山建曲林馆，继之为著名道士陶弘景的华阳下馆
	552～555	梁元帝承圣一至四年	于江陵造湘东苑
	573	北齐	高纬扩建华林苑，后改名为仙都苑
	6世纪	北周	庾信建小园，并有《小园赋》记其事
隋	582	文帝开皇二年	命宇文恺营建大兴城(今西安)，唐代更名长安城
	586	文帝开皇六年	始建河北正定龙藏寺，清康熙年间改称今名隆兴寺
	595	文帝开皇十五年	在大兴建仁寿宫
	605～618	炀帝大业年间	青城山建延庆观；唐代改建为常道观(即天师洞)
	605～618	炀帝大业年间	在洛阳宫城西造西苑，周围20里，有16院
	607	炀帝大业三年	在太原建晋阳宫
	607	炀帝大业三年	发男丁百万余修长城
	611	炀帝大业七年	于山东历城建神通寺四门塔
唐	7世纪		长安宫城内有东、西内苑，城外有禁苑，周围120里
	618～906		出现一颗印式的两层四合院，但楼阁式建筑已日趋衰退
	619	高祖武德二年	确定了对五岳、四镇、四海、四渎山川神的祭祀
	619	高祖武德二年	在京师国子学内建立周公及孔子庙各一所
	620	高祖武德三年	于周至终南山山麓修宗圣宫，祀老子，以唐诸帝陪祭(即古楼观之中心)
	627～648	太宗贞观年间	封华山为金天王，并创建庙宇(西岳庙)
	630	太宗贞观四年	令州县学内皆立孔子庙

续表

朝代	年代	中国年号	大事纪要
唐	636	太宗贞观十年	于陕西省礼泉县建昭陵
	651	高宗永徽二年	大食国正式遣使来唐，伊斯兰教开始传入我国
	7世纪		创建广州怀圣寺
	652	高宗永徽三年	于长安建慈恩寺大雁塔
	653	高宗永徽四年	金乔觉于九华山建化城寺
	662	高宗龙朔二年	于长安东北建蓬莱宫，高宗总章三年（670年）改称大明宫
	669	高宗总章二年	建长安兴教寺玄奘塔
	681	高宗开耀元年	长安建香积寺塔
	683	高宗弘道元年	于陕西省乾县建乾陵
	688	武则天垂拱四年	拆毁洛阳宫内乾元殿，建成一座高达三层的明堂
	7世纪末		武则天登中岳，封嵩山为神岳
	707～709	中宗景龙一至三年	于长安建荐福寺小雁塔
	714	玄宗开元二年	始建长安兴庆宫
	722	玄宗开元十年	诏两京及诸州建玄元皇帝庙一所，以奉祀老子
	722	玄宗开元十年	建幽州(北京)天长观，明初更名白云观
	724	玄宗开元十二年	于青城山下筑建福宫
	725	玄宗开元十三年	册封五岳神及四海神为王；四镇山神及四渎水神为公
	8世纪		在临潼县骊山造离宫华清池；在曲江则有游乐胜地
	742	玄宗天宝元年	废北郊祭祀，改为在南郊合祭天地
	751	玄宗天宝十年	玄宗避安史之乱，客居青羊观，回长安后赐钱大事修建，改名青羊宫
	8世纪		李德裕在洛阳龙门造平泉庄
	8世纪		王维在蓝田县辋川谷营建辋川别业
	8世纪		白居易在庐山造庐山草堂，有《草堂记》述其事
	782	德宗建中三年	于五台山建南禅寺大殿
	857	宣宗大中十一年	于五台山建佛光寺东大殿
	904	昭宗天祐元年	道士李哲玄与张道冲施建太清宫(称三皇庵)
五代	951～960	后周	始在国都东、西郊建日月坛
	956	后周世宗显德三年	扩建后梁、后晋故都开封城，并建都于此。北宋继之以为都城，并续有扩建
	959	后周世宗显德六年	于苏州建云岩寺塔
北宋	960～1279		宅第民居形式趋向定型化，形式已和清代差异不大
	964	太祖乾德二年	重修中岳庙
	971	太祖开宝四年	于正定建隆兴寺佛香阁及24米高观音铜像
	977	太宗太平兴国二年	于上海建龙华塔
	984	太宗雍熙元年(辽圣宗统和二年)	辽建独乐寺观音阁(河北蓟县)
	996	太宗至道二年(辽圣宗统和十四年)	辽建北京牛街礼拜寺
	11世纪		重建韩城汉太史公祠

续表

朝代	年代	中国年号	大事纪要
北宋	1008	真宗大中祥符元年	于东京(今开封)建玉清昭应宫
	1009	真宗大中祥符二年	建岱庙天贶殿
	1009	真宗大中祥符二年	于泰山建碧霞元君祠，祀碧霞元君
	1009～1010	真宗大中祥符二至三年	始建福建泉州圣友寺
	1013	真宗大中祥符六年	再修中岳庙
	1038	仁宗宝元元年(辽兴宗重熙七年)	辽建山西大同下华严寺薄伽教藏殿
	1049～1053	仁宗皇祐年间	贾得升建希夷祠祀陈抟(今玉泉院)
	1052	仁宗皇祐四年	建隆兴寺摩尼殿(河北正定)
	1056	仁宗嘉祐元年(辽道宗清宁二年)	辽建山西应县佛宫寺释迦塔
	11世纪		司马光在洛阳建独乐园，有《独乐园记》记其事
	11世纪		富弼在洛阳有邸园，人称富郑公园
	1086～1099	哲宗年间	赐建茅山元符荣宁宫
	1087	哲宗元祐二年	赐名罗浮山葛仙祠为冲虚观
	1102	徽宗崇宁元年	重修山西晋祠圣母殿
	1105	徽宗崇宁四年	于龙虎山创建天师府，为历代天师起居之所
	1115	徽宗政和五年	在汴梁建造明堂，每日兴工万余人
	1125	徽宗宣和七年	于登封建少林寺初祖庵
	12世纪	北宋末南宋初	广州怀圣寺光塔建成
南宋	12世纪		绍兴禹迹寺南有沈园，以陆游诗名闻于世
	12世纪		韩侂胄在临安造南园
	12世纪		韩世宗于临安建梅冈园
	1131	高宗绍兴元年	建福建泉州清净寺；元至正九年(1349年)重修
	1138	高宗绍兴八年	以临安为行宫，定为都城，并着手扩建
	1150	高宗绍兴二十年(金庆帝天德二年)	金完颜亮命张浩、孔彦舟营建中都
	1163	孝宗隆兴元年(金世宗大定三年)	金建平遥文庙大成殿
	1190～1196	光宗绍兴元年至宁宗庆元二年(金章宗昌明年间)	金丘长春修道崂山太清宫，后其师弟刘长生增筑观宇，建成全真道随山派祖庭
	1240	理宗嘉熙四年(蒙古太宗十二年)	蒙古于山西永济县永乐镇吕洞宾故里修建永乐宫
	1267	度宗咸淳三年(蒙古世祖至元四年)	蒙古忽必烈命刘秉忠营建大都城
	1269	度宗咸淳五年(蒙古世祖至元六年)	蒙古建大都(北京)国子监
	1271	度宗咸淳七年(元世祖至元八年)	元建北京妙应寺白塔，为中国现存最早的喇嘛塔
	1275	恭帝德祐元年(元至元二十年)	始建江苏扬州普哈丁墓
	1275	恭帝德祐元年(元至元二十年)	始建江苏扬州清真寺(仙鹤寺)，后并曾多次重修

续表

朝代	年代	中国年号	大事纪要
元	1281	元世祖至元十八年	浙江杭州真教寺大殿建成，延祐年间(1314～1320年)重建
	13世纪	元初	建西藏萨迦南寺
	13世纪	元初	建大都之禁苑万岁山及太液池，万岁山即今之琼华岛
	13世纪	元初	创建云南昆明正义路清真寺
	14世纪		创建上海松江清真寺，明永乐、清康熙时期重修
	1302	成宗大德六年	建大都(北京)孔庙
	1310	武宗至大三年	重修福建泉州圣友寺
	1320	仁宗延祐七年	建北京东岳庙
	1323	英宗至治三年	重修福建泉州伊斯兰教圣墓
	1342	顺帝至正二年	天如禅师建苏州狮子林
	1343	顺帝至正三年	重建河北定县清真寺
	1350	顺帝至正十年	重修广州怀圣寺
	1356	顺帝至正十六年	北京东四清真寺始建；明英宗正统十二年(1447年)重修
	1363	顺帝至正二十三年	建新疆霍城吐虎鲁克帖木儿玛扎
明	1368～1644		各地都出现一些大型院落，福建已出现完善的土楼
	1368	太祖洪武元年	朱元璋始建宫室于应天府(今南京)
	14世纪	太祖洪武年间	云南大理老南门清真寺始建，清代重修
	14世纪	太祖洪武年间	湖北武昌清真寺建成，清高宗乾隆十六年(1751年)重修
	14世纪	太祖洪武年间	宁夏韦州大寺建成
	1373	太祖洪武六年	南京城及宫殿建成
	1373	太祖洪武六年	派徐达镇守北边，又从华云龙言，开始修筑长城，后历朝屡有兴建
	1376～1383	太祖洪武九至十五年	于南京建灵谷寺大殿
	1373	太祖洪武六年	在南京钦天山建历代帝王庙
	1381	太祖洪武十四年	始建孝陵，位于江苏省南京市，成祖永乐三年(1405年)建成
	1388	太祖洪武二十一年	创建南京净觉寺；宣宗宣德五年(1430年)及孝宗弘治三年(1492年)两度重修
	1392	太祖洪武二十五年	创建陕西西安华觉巷清真寺，明、清两代并曾多次重修扩建
	1407	成祖永乐五年	始建北京宫殿
	1409	成祖永乐七年	始建长陵，位于北京市昌平区
	1413	成祖永乐十一年	敕建武当山宫观，历时11年，共建成8宫、2观及36庵堂、72岩庙
	1420	成祖永乐十八年	北京宫城及皇城建成，迁都北京
	1420	成祖永乐十八年	建北京天地坛、太庙、先农坛
	1421	成祖永乐十九年	北京宫内奉天、华盖、谨身三殿被烧毁
	1421	成祖永乐十九年	建北京社稷坛
	15世纪		大内御苑有后苑(今北京故宫坤宁门北之御花园)、万岁山(即清代的景山)、建福宫花园、西苑和兔苑
	1436	英宗正统元年	重建奉天、华盖、谨身三殿
	1442	英宗正统七年	重修北京牛街礼拜寺；清康熙三十五年(1696年)大修扩建
	1444	英宗正统九年	建北京智化寺

续表

朝代	年代	中国年号	大事纪要
明	1447	英宗正统十二年	于西藏日喀则建扎什伦布寺
	1456	景帝景泰七年	初建景泰陵 ，后更名为庆陵
	1465～1487	宪宗成化年间	山东济宁东大寺建成，清康熙、乾隆时重修
	1473	宪宗成化九年	于北京建真觉寺金刚宝座塔
	1483～1487	宪宗成化十九至二十三年	形成曲阜孔庙今日之规模
	1495	孝宗弘治八年	山东济南清真寺建成，世宗嘉靖三十三年(1554年)及清穆宗同治十三年(1874年)重修
	1500	孝宗弘治十三年	重修无锡泰伯庙
	16世纪		重修山西太原清真寺
	1506～1521	武宗正德年间	秦端敏建无锡寄畅园，有八音涧名闻于世
	1509	武宗正德四年	御史王献臣罢官归里，在苏州造拙政园
	1519	武宗正德十四年	重建北京宫内乾清、坤宁二宫
	1522～1566	世宗嘉靖年间	始建苏州留园；清乾隆时修葺
	1523	世宗嘉靖二年	重修河北宣化清真寺；清穆宗同治四年(1865)年再修
	1524	世宗嘉靖三年	新疆喀什艾迪卡尔礼拜寺建成，清高宗乾隆五十三年(1788)年扩建
	1530	世宗嘉靖九年	建北京地坛、日坛，月坛，恢复了四郊分祭之礼
	1530	世宗嘉靖九年	改建北京先农坛
	1531	世宗嘉靖十年	建北京历代帝王庙
	1534	世宗嘉靖十三年	改天地坛为天坛
	1537	世宗嘉靖十六年	北京故宫新建养心殿
	1540	世宗嘉靖十九年	建十三陵石牌坊
	1545	世宗嘉靖二十四年	重建北京太庙
	1545	世宗嘉靖二十四年	将天坛内长方形的大殿改建为圆形三檐的祈年殿
	1549	世宗嘉靖二十八年	重修福建福州清真寺
	1559	世宗嘉靖三十八年	建上海豫园，为潘允端之私园，大假山则是著名叠石家张南阳造
	1561	世宗嘉靖四十年	始建河南沁阳清真寺，明神宗万历十八年(1590年)、清德宗光绪十三年(1887年)重修
	1568	穆宗隆庆二年	戚继光镇蓟州；增修长城，广建敌台及关塞
	1573～1619	神宗万历年间	米万钟建北京勺园，以“山水花石”四奇著称
	1583	神宗万历十一年	始建定陵，位于北京市昌平区
	1598	神宗万历二十六年	始建永陵，初名兴京陵，清世祖顺治十六年(1659年)改为今名
	1601	神宗万历二十九年	建福建齐云楼，为土楼形式
	1602	神宗万历三十年	始建江苏镇江清真寺；清代重建
	1615	神宗万历四十三年	重建北京故宫皇极(太和)、中极(中和)、建极(保和)三大殿
	1620	神宗万历四十八年	重修庆陵
	1629	思宗崇祯二年(后金太宗天聪三年)	后金于辽宁省沈阳市建福陵
	1634	思宗崇祯七年	计成所著《园冶》一书问世

续表

朝代	年代	中国年号	大事纪要
明	1640	思宗崇祯十三年(清太宗崇德五年)	清重修沈阳故宫笃恭殿(大政殿)
	1643	思宗崇祯十六年(清太宗崇德八年)	清始建昭陵，位于辽宁沈阳市，为清太宗皇太极陵墓
清	1645~1911		今日所能见到的传统民居形式大致已形成
	17世纪	清初	新疆喀什阿巴伙加玛扎始建，后并曾多次重修扩建
	1644~1661	世祖顺治年间	改建西苑，于琼华岛上造白塔
	1645	世祖顺治二年	达赖五世扩建布达拉宫
	1655	世祖顺治十二年	重建北京故宫乾清、坤宁二宫
	1661	世祖顺治十八年	始建清东陵
	1662~1722	圣祖康熙年间	建福建永定县承启楼
	1663	圣祖康熙二年	孝陵建成，位于河北省遵化县
	1672	圣祖康熙十一年	重建成都武侯祠
	1677	圣祖康熙十六年	山东泰山岱庙形成今日之规模
	1680	圣祖康熙十九年	在玉泉山建澄心园，后改名静明园
	1681	圣祖康熙二十年	建景陵，位于河北遵化县
	1683	圣祖康熙二十二年	重建北京故宫文华殿
	1684	圣祖康熙二十三年	造畅春园
	1687	圣祖康熙二十六年	始建甘肃兰州解放路清真寺
	1689	圣祖康熙二十八年	建北京故宫宁寿宫
	1689	圣祖康熙二十八年	四川阆中巴巴寺始建
	1690	圣祖康熙二十九年	重建北京故宫太和殿，康熙三十四年（1695年）建成
	1696	圣祖康熙三十五年	于呼和浩特建席力图召
	1702	圣祖康熙四十一年	河北省泊镇清真寺建成；德宗光绪三十四年（1908年）重修
	1703	圣祖康熙四十二年	建承德避暑山庄
	1703	圣祖康熙四十二年	始建天津北大寺
	1710	圣祖康熙四十九年	重建山西解县关帝庙
	1718	圣祖康熙五十七年	建孝东陵，葬世祖之后孝惠章皇后博尔济吉特氏
	1720	圣祖康熙五十九年	始建甘肃临夏大拱北
	1722	圣祖康熙六十一年	始建甘肃兰州桥门街清真寺
	1725	世宗雍正三年	建圆明园，乾隆时又增建，共四十景
	1730	世宗雍正八年	始建泰陵，高宗乾隆二年(1737年)建成
	1735	世宗雍正十三年	建香山行宫
	1736~1796	高宗乾隆年间	著名叠石家戈裕良造苏州环秀山庄
	1736~1796	高宗乾隆年间	河南登封中岳庙形成今日规模
	1742	高宗乾隆七年	四川成都鼓楼街清真寺建成，乾隆五十九年（1794年）重修
	1745	高宗乾隆十年	扩建香山行宫，并改名静宜园
	1746~1748	高宗乾隆十一至十三年	增建沈阳故宫中路、东所、西所等建筑群落
	1750	高宗乾隆十五年	建造北京故宫雨花阁
	1750	高宗乾隆十五年	建万寿山、昆明湖，定名清漪园，历时14年建成
	1751	高宗乾隆十六年	在圆明园东造长春园和绮春园

续表

朝代	年代	中国年号	大事纪要
清	1752	高宗乾隆十七年	将天坛祈年殿更为蓝色琉璃瓦顶
	1752	高宗乾隆十七年	重修沈阳故宫
	1755	高宗乾隆二十年	于承德建普宁寺，大殿仿桑耶寺乌策大殿
	1756	高宗乾隆二十一年	重建湖南汨罗屈子祠
	1759	高宗乾隆二十四年	重建河南郑州清真寺
	1764	高宗乾隆二十九年	建承德安远庙
	1765	高宗乾隆三十年	宋宗元营建苏州网师园
	1766	高宗乾隆三十一年	建承德普乐寺
	1767～1771	高宗乾隆三十二至三十六年	建承德普陀宗乘之庙
	1770	高宗乾隆三十五年	建福建省华安县二宜楼
	1773	高宗乾隆三十八年	宁夏固原二十里铺拱北建成
	1774	高宗乾隆三十九年	建北京故宫文渊阁
	1778	高宗乾隆四十三年	建沈阳故宫西路建筑群
	1778	高宗乾隆四十三年	新疆吐鲁番苏公塔礼拜寺建成
	1779～1780	高宗乾隆四十四至四十五年	建承德须弥福寿之庙
	1781	高宗乾隆四十六年	建沈阳故宫文溯阁、仰熙斋、嘉荫堂
	1783	高宗乾隆四十八年	建北京国子监辟雍
	1784	高宗乾隆四十九年	建北京西黄寺清净化城塔
	18世纪		建青海湟中塔尔寺
	1789	高宗乾隆五十四年	内蒙古呼和浩特清真寺创建，1923年重修
	1796	仁宗嘉庆元年	始建河北易县昌陵，8年后竣工
	18～19世纪	仁宗嘉庆年间	黄至筠购买扬州小玲珑小馆，于旧址上构筑个园
	1804	仁宗嘉庆九年	重修沈阳故宫东路、西路及中路东、西两所建筑群
	1822	宣宗道光二年	建成湖南隆回清真寺
	1822～1832	宣宗道光二至十二年	天津南大寺建成
	1832	宣宗道光十二年	始建慕陵，4年后竣工
	1851	文宗咸丰元年	建昌西陵，葬仁宗孝和睿皇后
	1852	文宗咸丰二年	西藏拉萨河坝林清真寺建成
	1859	文宗咸丰九年	于河北省遵化县建定陵
	1859	文宗咸丰九年	成都皇城街清真寺建成，1919年重修
	1873	穆宗同治十二年	始建定东陵，德宗光绪五年（1879年）建成
	1875	德宗光绪元年	于河北省遵化县建惠陵
	1882	德宗光绪八年	青海大通县杨氏拱北建成
	1887	德宗光绪十三年	伍兰生在同里建退思园
	1888	德宗光绪十四年	重建青城山建福宫
	1891～1892	德宗光绪十七至十八年	甘肃临潭西道场建成；1930年重修
	1894	德宗光绪二十年	云南巍山回回墩清真寺建成
	1895	德宗光绪二十一年	重修定陵
	1909	宣统元年	建崇陵，为德宗陵寝

图书在版编目(CIP)数据

伊斯兰教建筑：穆斯林礼拜清真寺 / 本社编. —北京：中国建筑工业出版社，2009
(中国古建筑之美)
ISBN 978-7-112-11338-5

I. 伊… II. 本… III. 伊斯兰教—宗教建筑—建筑艺术—中国—图集 IV. TU-098.3

中国版本图书馆CIP数据核字（2009）第169180号

责任编辑：王伯扬　马　彦
责任设计：董建平
责任校对：李志立　赵　颖

中国古建筑之美
伊斯兰教建筑
穆斯林礼拜清真寺
本社　编
*
中国建筑工业出版社出版、发行（北京西郊百万庄）
各地新华书店、建筑书店经销
北京美光制版有限公司制版
北京凌奇印刷有限责任公司印刷
*
开本：880×1230毫米　1/32　印张：6 1/4　字数：252千字
2010年1月第一版　　2010年1月第一次印刷
定价：45.00元
ISBN 978-7-112-11338-5
(18582)